SONG-NEN PINGYUAN YANJIANHUA CAOYUAN
SHENGTAI XIUFU YINGYONG YANJIU

松嫩平原盐碱化草原生态修复应用研究

黄彦　滕云　司振江　孙艳玲　王柏　主编

黑龙江科学技术出版社
HEILONGJIANG SCIENCE AND TECHNOLOGY PRESS

图书在版编目（ＣＩＰ）数据

松嫩平原盐碱化草原生态修复应用研究 / 黄彦等主
编. -- 哈尔滨 ：黑龙江科学技术出版社, 2024.1
ISBN 978-7-5719-2168-2

Ⅰ. ①松… Ⅱ. ①黄… Ⅲ. ①松嫩平原 – 草原改良 –
盐碱土改良 – 研究 Ⅳ. ①S812.8

中国国家版本馆 CIP 数据核字(2023)第 207756 号

松嫩平原盐碱化草原生态修复应用研究
SONG–NEN PINGYUAN YANJIANHUA CAOYUAN SHENGTAI XIUFU
YINGYONG YANJIU

黄彦　滕云　司振江　孙艳玲　王柏　主编

策划编辑	王　姝	
责任编辑	刘　杨	
封面设计	单　迪	
出　　版	黑龙江科学技术出版社	
	地址：哈尔滨市南岗区公安街 70-2 号　邮编：150007	
	电话：（0451）53642106　传真：（0451）53642143	
	网址：www.lkcbs.cn	
发　　行	全国新华书店	
印　　刷	哈尔滨市石桥印务有限公司	
开　　本	787 mm×1092 mm　　1/16	
印　　张	14.25	
字　　数	300 千字	
版　　次	2024 年 1 月第 1 版	
印　　次	2024 年 1 月第 1 次印刷	
书　　号	ISBN 978-7-5719-2168-2	
定　　价	98.80 元	

目　录

第一章　绪论

中国盐碱化土地面积为 $1.0×10^8$ hm² （王春裕，1976），松嫩平原盐碱化土地面积约 $3.0×10^6$ hm²，占东北地区盐碱化土地面积的 39.3%，是世界上三大苏打盐碱土集中分布区之一（刘兴土，2001），也是我国土地盐碱化最严重的地区之一。松嫩草原是我国东北三大草原和全国十大重点牧区之一，是欧亚草原的最东缘，也是东北西部绿色生态屏障，具有较高的经济价值和重要的生态功能。黑龙江省西部松嫩平原盐碱化草原面积为 $9.31×10^5$ hm²，盐碱化是一个生态退化过程，削弱和破坏了土地生物生产力。清末初期，松嫩草原草质优良，载畜能力强，不生长植物的碱斑仅占 5%～10%，一般年景草层高 70～80 cm，每公顷生产干草 2 250 kg 左右，曾是我国著名的优良草原之一。但是，环境的变迁及过度开垦、过载放牧、重用轻养、掠夺式经营等不合理利用方式，造成草原生态系统的结构缺陷与功能紊乱，破坏了生物与环境之间的协调关系，促使草原盐碱化现象加重，生态环境日趋恶化，生物多样性降低，综合生产能力降低，导致松嫩平原盐碱化草原面积超过草原总面积的 2/3，并且每年仍以 1.5%～2.0%的增长率扩展。更为严重的是，在盐碱化草原中，已有约 1/4 的草原碱斑连片分布，基本失去了利用价值，草原盐碱化成为制约区域农牧业发展和影响生态环境的重要因素，也是我国天然草原面临的突出问题，已经影响了社会和经济的正常发展。林年丰教授提出盐碱土广泛分布于地球上的干旱、半干旱地带，但是像松嫩平原这样面积巨大的盐碱土在中国只有一处，在世界范围内也不多见。开展本项目研究，旨在通过一种新的方法应用达到改良盐碱化草原、提高草原综合生产能力、改善区域生态环境及荒芜土地资源的利用率、提高自然降水利用率的目的，实现低投入、高产出和生态效应。

2007 年，国务院批准了《东北地区振兴规划》，确立了东北地区振兴的"四基地一区"目标定位，建立国家农牧业生产基地和国家生态安全重要保障区。结合国家老工业基地改造和资源型城市转型的要求，黑龙江省提出建设"哈大齐工业走廊"可持续发展的战略新思路，草业和畜牧业将成为东北地区工业发展替代产业的重要支柱之一，黑龙江省也是国家批准的生态省建设试点。《黑龙江省生态省建设规划纲要》中明确提出该区域的重点是"改良与治理盐碱化草原，恢复草原植被，提高草场生产力，发展草业和绿色畜牧业及其深加工业，促进经济发展，提高人民生活水平和生活质量"，到 2015 年黑龙江省草原"三化"（沙化、碱化、退化）减少到 30%。同时，松嫩平原地处黑龙江、吉林及内蒙古交界处，北边一直延续到我国的北部边陲，该地区的生态环境建设及农业生产发展将直接影响国家边疆安定、民族团结和社会稳定，由此可见，盐碱化草原生态问题是危及黑龙江省乃至国家生态安全的重大问题。过去，松嫩平原草原植物有 260 多种，牧草种类繁多，草质优良世界闻名。但是由于过去"重开发、轻改良"，以及多采用掠夺式的经营方式，牧草产量由 2 250 kg/hm² 下降到不足 750 kg/hm²，不仅草原总面积减少速度惊人，而且草原质量退化得相当严重。目前，草原面积逐渐减少且单产逐年下降的双重压力已严重影响牧业区居民的生活，也对区域经济发展产生了严重影响。因此，改善草原生态环境刻不容缓，开展西部松嫩平原盐碱化草原改良修复技术的研究，恢复和重建松嫩平原盐碱化草原生态环境，提高草原资源可持续利用能力，发展草业和畜牧业，是关系到区域经济建设可持续发展的重要环节，是落实黑龙江省委省政府"努力快发展，全面建小康"宏伟目标的具体体现，其研究的生产实践意义重大。

在水资源缺乏和环境保护日益受到重视的今天，传统的盐碱土改良方法在应用上难以满足生产需求。因此，需要寻找新的盐碱土开发利用技术措施。为了适应中国经济增长和农牧业日益发展的需求，必须修复日趋恶化的草原生态环境，提高盐碱化草原综合生产能力。几十年来，国家和地方投入大量人力、财力和物力改造盐碱土，收到了较好的治理效果。随着我国盐碱土改良技术和研究的不断发展，在土壤盐分成因规律和特征、农田节水灌溉水盐运移机理、盐碱土改良利用技术措施等诸多方面都有了新的突破和发展，取得了新的成果。实践证明，盐碱土预防和治理是一个系统的综合治理工程，也是一个循序渐进逐步显效的过程。目前，国内盐碱土改良方法和技术归纳为四个方面：一是物理改良，平整土地、深耕晒垡、及时松土、抬高地势、微区改土；二是水利改良，灌排配套、蓄淡压盐、灌水洗盐、地下排盐；三是化学改良，石膏、磷石膏、过磷酸钙、腐殖酸、泥炭、醋渣等；四是生物改良，种植水稻、耐盐植物，使用微生物菌肥等。近十几年来，随着盐碱土改良利用技术研究应用不断发展，单一或复合的盐碱土改良技术不断出现。本书通过关键技术选择、技术优化组合、技术指标确定等试验研究与分析，讨论确定有效的分类综合治理技术模式。

第一节 国内外研究进展

一、盐碱土改良方法

草原蕴藏着丰富的动植物资源，是维持生态系统平衡、保护生物多样性、发展农业经济的重要组成部分。松嫩平原西部半湿润半干旱地区地处我国北方农牧交错带东段，是全球变化的敏感区域，属于典型的生态脆弱区和退化生态系统（赵哈林，2002）。松嫩平原草原草质优良，载畜能力大，在发展畜牧业、维持生物多样性、保持水土和维护生态系统平衡等方面具有重要作用（刘兴土，2001）。进入 20 世纪 60 年代以后，特别是近 50 年来，由于受到自然因素变化（气温升高趋势明显、降水变率增大）和人类活动（主要为垦殖、过度放牧、割草等）的强烈干扰，植被退化严重，草原质量下降，承载力降低。因此，盐碱退化草原生态系统的恢复治理已引起了广泛的关注（郭继勋 等，2000；Grandchamp et al., 2005；He et al., 2005）。国内外研究机构及学者从不同角度进行了不同层面的深入研究，均卓有成效，为盐碱土治理利用奠定了基础。

（一）利用水利措施改良盐碱土

1.灌溉排水措施

20 世纪 60 年代，在山东禹城和河南封丘采用"井灌井排"的方法，70 年代在我国北方部分地区采用"抽咸换淡"的方法进行盐碱土改良。在上述两种方法的基础上，80 年代末期，根据禹城市北丘洼的具体条件，采用了"强排强灌"的方法改良重盐碱土，在强灌前预先施用磷石膏等含钙物质以便于置换更多的钠离子并防止碱化，然后耕翻、耙平，强灌后加以农业措施维持系统稳定。20 世纪 50 年代末到 60 年代，在盐碱土治理上侧重水利措施，以排为主，重视灌溉冲洗。陈恩凤教授提出了"以排水为基础，培肥为根本"的观点，实行综合治理。在这一思想指导下，盐碱土改良利用工作迈上了一个新台阶。王守纯研究员在河南、山东长期设点试验，建立盐碱土改良试验区，为黄淮海平原盐碱土改良利用做出突出贡献。

地下渗管排盐是盐碱土改良的常用方法之一，它基于"盐随水来、盐随水去"的水盐运移规律，通过铺设暗管将土壤中的盐分随水排走（邢军武，2001），并将地下水位控制在临界深度以下，达到土壤脱盐和防止次生盐渍化目的。黄河三角洲所在的中心城市东营市，利用荷兰暗管排碱技术实施盐碱土改良工程，利用专业埋管机械将PVC渗管埋入地下1.8～2.0 m处，将地下盐水截引到暗管，集中起来排到明渠中，使得灌区当年地下水位下降0.5 m，含盐量降低0.1%，满足多种作物的生长发育要求。

2.劣质水灌溉改良措施

陈秀玲（1985）在河北东部平原南皮试验区进行咸水灌溉试验，指出利用咸水灌溉的技术关键是控制土壤积盐不超过作物耐盐度，周年内不发生积盐，这就需要通过试验研究制定合理的灌溉制度，即规定灌溉淋洗需水量、灌水频次等。张永波等（1997）在运城盆地湖区灌区进行田间咸水灌溉试验，得出灌区咸水适宜的灌溉定额为825～975 m³/hm²。毛建华（1984）、薛峰等（1997）研究指出可通过咸碱水、咸淡水混灌、轮灌的方式或施用改良剂等途径，合理利用劣质水，并伴以深耕翻。增施有机肥等农业措施，对于控制地下水位、防止次生盐碱化、保持良好的土壤生态环境十分重要。在澳大利亚维多利亚州北部的谢珀顿地区开展劣质水灌溉措施，根据淋洗需水量要求，调节和控制灌水量和盐量，既保持了耕层土壤盐分不超过规定值，又避免过量灌溉引起地下水位上升（肖振华，1994）。对于严重缺水地区，研究者们已开始将目光转向广布的海水（Afifi et al.，1998），美国和以色列的科研工作者通过研究指出，用海水灌溉盐生植物可以获得与在淡水灌溉下的常规作物同样的生物量（O' Leary et al.，1985），以期为利用海水开发广大的沙漠地区寻求出路。

（二）土壤改良剂改良盐碱土

早在苏联时期的亚美尼亚，许多国有农场广泛采用绿矾（七水硫酸亚铁）改良苏打碱土和苏打盐土，罗斯托夫利用当地的矿石改良碱土；匈牙利利用褐煤矿副产品和糖厂副产物来改良碱土，利用石灰石与石油工业副产物树脂酸混合制成土壤改良剂改良碱土，还应用施加有机质（肥）的办法改良盐碱土，效果较好。巴基斯坦国家农业研究中心研究在自由淋洗条件下，用1%的盐酸改善石灰质的钠化盐渍土壤，降低了土壤电解率、pH值和氯化钠含量。菲律宾国际水稻研究中心对钠化盐渍土采用深翻与石膏配合及水稻与小麦轮作，使土壤中可交换钠的百分含量降低。

在盐碱土治理中，碱土较难改良。美国盐土实验室的 Rhoades 和澳大利亚联邦科学与工业研究组织的 Loveday 专门评述碱化土壤的改良时指出，碱化土壤的改良需加入含钙物质来置换土壤胶体表面吸附的钠或采用加酸或酸性物质的方法改良（Mohammed et al., 1997）。采用石膏改良碱土在国际国内已是成功的经验，并且仍受到极大的关注。随着工业的发展，人们开始重视利用工业废渣来改良碱土，如苏联利用制碱工业副产品氯化钙、橡胶工业副产品硫酸等改良苏打盐化碱土和碱土都有明显效果（Peck, 1975）。国内报道利用生产高浓度磷肥的副产物磷石膏（王永清，1999）和柠檬酸厂排出的柠檬酸渣（唐治学，1986），消除煤炭燃烧过程中产生的污染物硫氧化物的除硫装置新工艺中的副产物脱硫石膏（李焕珍 等，1999），以及生产沼气后的残余物沼渣、沼液（蔡阿兴，1999）等改良碱土都有显著作用。Sharma 和 Yadav 的研究也指出利用黄铁矿作为垦殖碱化土的改良剂可显著增加作物产量，降低土壤 pH 值（Sharma et al., 1989）。改良碱土同改良盐土一样，也要因地制宜采取综合措施，在用化学改良剂的同时，结合使用有机肥、种植耐碱环境的植物等措施（Singh et al., 1997；Mongia et al., 1998），不仅可以改善土壤物理性状及增加土壤营养，而且也可解决由于化学改良剂的产地同碱化土壤分布地区不一致的矛盾。王国琼等在《草炭绿化荒漠的实践与机理》中介绍草炭可积累土壤有机质，降低土壤 pH 值，调节土壤供养能力，提高养分有效率。还有许多人使用化学试剂来改良盐碱土，也取得了一定效果。

总体看来，20 世纪 40 年代，科研人员主要是对化学改良、农业措施以及土壤理化性质和水盐运动规律的研究；70 年代，则是开展多学科的综合性研究，注意耕地土壤的综合治理，进行大型灌区次生盐碱化的预报和防治，提出土壤次生盐碱化发生与预报的自动控制及其理论依据，研究数学分析和物理化学的模拟试验，区域性土壤改良服务的航测和卫星测量方法等，如欧洲碱化土壤分布面积较大的一些国家，对石膏的施用量（包括计算方法）和施用方法（深施、浅施、分层施或随水灌施等）研究得较多。80 年代以后，人们注意各种单项技术的优化组合，注重生态自修复与保护研究。赵兰坡等（1999）研究了草原切耙、人工播种、围栏封育及追施氮肥等措施对草原退化的防治作用。李取生等（2003）提出对低洼易涝盐碱地采取包括施用土壤改良剂、增施有机肥、以沙压碱等多种形式的土壤改良措施。李建东等（1995）研究认为松嫩平原盐碱化草原改良治理以生物治盐碱效果最好。郭继勋等（1998）对松嫩平原盐碱化草原采用生物、化学和物理方法进行治理的效果进行了比较，结果表明三种方法均能降低土壤 pH 值、电导率和增加土壤含水率。盛连喜等（2002）从盐碱土的成因入手，根据盐碱化的强度和特征，提出了盐碱土的修复方法。90 年代，生物化学土壤改良有了很大发展，如中国农业大学研制的盐碱土生化改良剂——康地宝已大面积推广应用。

（三）生物措施改良盐碱土

在治理盐碱土的各项技术措施中，生物措施被普遍认为是最为有效的改良途径，即通过筛选适应盐碱环境的优良抗盐品种来开发利用盐碱地。发展耐盐植物不仅能提高土地生产力水平，降低使用高质灌溉水的费用，并且有利于盐渍环境下农业生态的良性循环和改善环境（律兆松 等，1989）。采用生物措施首先需要清楚该植物适应的盐渍度，即探明其耐盐的适应范围，了解其盐分敏感期的耐盐性，以便采取相应的管理和栽培措施来减小其根区土壤的盐渍度。通过土培、水培和田间试验，使作物处于不同程度盐碱化环境，对作物萌发期、幼苗期或中后期的耐盐性进行观察分析。

近年来，在对植物耐盐机理的研究方面，通过对不同作物种类或品种耐盐性的比较研究，分析其耐盐性差异的生理机制（Satuta et al.，1999），利用组织培养和分子遗传学方法（Dua et al.，1997）对植物耐盐机理进行了更为深入的研究。从细胞生物学角度的分析表明，盐分对作物的危害主要是引起离子毒害和渗透压力两方面的胁迫，植物的抗盐机理主要有拒吸盐分、主动避让盐害、区隔化及泌盐等过程（Greenway et al.，1980）。

对提高作物耐盐力方面的研究主要包括对豆科牧草耐盐临界值、极限值的研究，对粮草兼用型作物耐盐性的研究，对寒地型草坪草种耐盐性的研究。刘春华等（1993）对 69 个苜蓿品种的耐盐性以及耐盐生理指标进行了探讨，陈德明等（1996）对小麦、大豆、棉花、玉米等栽培作物苗期耐盐性进行了研究，国外对豇豆幼苗期耐盐性进行了研究（Rema et al., 1997），这些研究侧重于通过对植物某一发育阶段耐盐性的分析比较来确定其耐盐性强弱。Garg 等（1997）对瓜尔豆在不同发育阶段耐盐性的分析指出，作物对盐渍度的敏感性随发育期的不同而变化。陈德明等（1995）对大麦和小麦在不同生长发育阶段耐盐性的研究也表明了这一点，并指出对于在萌芽期和生长早期对盐分敏感的作物，可采取一些栽培和管理措施，保证作物立苗；而对于在作物生长后期，特别是生殖期对盐分敏感的作物，除采取必要的管理措施外，还可通过调整作物的播种期来达到避盐的目的。借助转基因工程能提高小麦的耐盐性，利用 VA 菌根（胞囊－丛枝菌根）等真菌亦可明显增强植物的抗盐性（唐明，1998），Abd-Alla 等（1998）研究指出通过施用麦秆并接种入分解纤维素真菌，能增强生长在盐环境中的豆科植物的固氮能力，增强其抗盐性。近年来，盐肥关系的研究亦成为植物耐盐性方面研究的一个重要分支。通过对盐度和肥力之间关系的研究，可以改进施肥方案，减轻盐分对作物生长的抑制作用。Feigin（1985）的试验表明，非盐渍条件下的合理施肥方案同样适用于盐渍条件。当土壤中水溶性钙含量高时，作物的抗盐性增强，因而增施含钙的肥料可提高生长在盐环境中的植物的生存能力及抗病能力（王令钊，1997）。另外，增施钾肥、磷肥也能提高作物对盐胁迫的适应能力。

在引种耐盐品种方面，谷安琳等（1998）在内蒙古河套灌区盐渍荒地上对选自中国和美国的 28 份多年生耐盐禾草进行建植试验，该试验表明在表土含盐量为 0.54%～0.72%、pH 值为 8.9～9.4 的盐渍条件下，引自美国的高冰草（*Thinopyrum ponticum*）品种 Tyrell、Jose、Alkar 和中国的短芒大麦草（*Hordeum brevisubulatum*）生长良好，建植率为 57%～80%，干草产量为 4 700～6 900 kg/hm²。我国自 20 世纪 80 年代开始在不同地区不同类型盐碱地引种野生碱茅属植物进行改土效果试验，均取得显著脱盐效果。90 年代，朱兴运通过在甘肃河西走廊盐渍土引种碱茅属植物进行改良作用的一系列研究，提出了盐渍土草原农业生态系统的理论。

人们关于从盐生植物中培育经济作物的构想由来已久，澳大利亚、美国、印度、以色列等国确定了若干有潜力的盐生植物等 250 种。我国盐生植物资源也很丰富，如盐蒿、海蓬子、大米草等数百种，如能将这些野生盐生植物加以引种栽培，不仅可以开发利用大片的盐渍土地资源，同时还可以获得可观的经济效益。

（四）利用覆盖物改良盐碱土

随着农业现代化的发展，机械化水平的提高，作物秸秆直接还田成为现实，生产上推广应用的面积在逐年扩大，随之而起的有关作物秸秆施用后对盐渍土改良效果的研究也不断深入。研究显示，在盐碱土上覆盖作物秸秆后，可明显减少土壤水分蒸发，抑制盐分表聚，它阻止水分与大气间直接交流，对土表水分上行起阻隔作用，同时还增加光的反射率和热量传递，降低土表温度，从而减少蒸发耗水（李新举 等，1999）。秸秆覆盖是将农艺和水利相结合的综合措施，既起节水的作用，又起培肥改土的作用，是在原有还田基础上增添了新内容，不仅对土壤水盐环境产生影响，而且对土壤生态环境起到综合作用。

科夫达（1957）在论证地下水与土壤盐碱化的关系时指出，在现代盐碱化过程的发生和发展因素中，地下水的移动、埋深和平衡最为重要，在炎热而干旱的气候条件下，气候虽然是形成盐碱土的条件之一，但如果地下水埋深在 10 m 以下，土壤的水分蒸发就不会超过降雨总量，尽管气候干旱，土壤也不会发生盐碱化。但如果地下水滞留，埋深为 1~3 m，则易遭受强烈蒸发，导致盐碱化过程的发展。王久志（1986）在榆次市高村中度盐碱土上使用沥青乳剂做地面覆盖进行盐碱土改良，表明其可抑制水分蒸发，提高土温，改善土壤结构，降低土壤含盐量，提高作物出苗率及产量。许慰睐等的研究指出，应用免耕覆盖法，即将现代土壤耕作制度与覆盖措施相结合来治理盐渍土，类似于加拿大草原区推出的残茬覆盖农作制（王小彬，1996），可使原生植被所形成的黑土层（有机质层）不被破坏，再通过人工种植绿肥、切碎茎叶覆盖，更能提高土壤保水保墒能力，减轻机具压实土体和覆盖作物根系的程度。除利用秸秆覆盖外，还有利用地膜覆盖（樊润威 等，1996）、水泥硬壳覆盖（毛学森，1998）进行盐碱土改良的。它们在减少农田土壤无效蒸发、调节盐分在土体中的分布、促进春播作物出苗、提高产量等方面皆有一定的作用。

（五）盐碱化草原重建与修复进展

我国盐碱化退化草原恢复重建研究始于 20 世纪 80 年代初，中国科学院植物研究所于 1979 年在内蒙古锡林郭勒盟设立草原生态定位研究站，并在青海省海北藏族自治州设立了高寒草甸生态系统研究定位站。同时北京农业大学在承德后沟牧场，东北师范大学在松嫩平原，吉林大学在吉林大安县，东北林业大学在黑龙江省安达市，甘肃农业大学在河西走廊和庆阳市，内蒙古农牧学院（现内蒙古农业大学）在达茂旗分别设立草原研究站点，全面开展草原研究，特别是盐碱化退化草原的改良治理研究。任继周先生等对河西走廊草原次生盐渍化机理及改良进行了大量研究，李建东、郑慧莹、祝廷成等研究了东北松嫩羊草草原的碱化机理及改良利用途径。总结研究成果主要有几个方面：一是自然封育，使植物休养生息，草原自然恢复到原貌，碱斑面积不超过 30% 的，围栏 3 ~ 5 年即可恢复，碱斑面积大于 50% 的，围栏 10 年以上才可恢复；二是化学途径，在碱斑上施改良剂后种植耐盐牧草；三是生物途径，在重度盐碱化草原或盐碱斑上种植耐盐碱的牧草或施加枯草，引进和筛选耐盐碱牧草，主要是禾本科和豆科植物，以草压碱的方法治理碱斑；四是物理途径，未出现碱斑或碱斑面积很小的盐碱化草原，采用浅翻轻耙、浅松翻、对角耙等，使表层土壤疏松，但不能破坏土层结构，上下土层混淆，否则不但不能起到断根促生长的作用，反而将植被根系破坏，使原有草原难以恢复。

从目前全国草原植被恢复与重建现状来看，虽然研究的时间较长，但是许多研究成果尚未得到很好的应用。另外由于我国的草原面积大，草原类型复杂，恢复与重建的技术措施不尽相同，迄今尚未形成不同区域的治理模式。

二、盐碱土水盐再分布及运动规律

（一）土壤溶质运移理论

溶质在土壤中的运移规律是研究土壤水盐动态的基础。土壤中溶质的运动是十分复杂的，溶质随着土壤水分的运动而迁移，且也会在自身浓度梯度的作用下运动，部分溶质可以被土壤吸附，或为植物吸收，或浓度超过了水的溶解能力后会离析沉淀（雷志栋 等，1988）。溶质在土壤中还有化合分解、离子交换等化学变化。因此，土壤中的溶质处在一个物理、化学、生物相互联系和连续变化的系统中（隋红建 等，1992）。土壤中溶质迁移的物理过程包括对流、溶质分子扩散、机械弥散过程、土粒与土壤溶液界面处的离子交换吸附作用以及溶质随薄膜水的运动（田长彦，2001）。

有关土壤溶质运移问题的研究已有 70 多年的历史。Lapidus 和 Amundson

（1952）提出了一个类似于对流-弥散方程的模拟模型，揭开了溶质运移研究的序幕（高新科 等，1996）。Scheidegger（1954）将 Lapidus 方程扩展到三维的情况，并在均质土壤、稳态流条件下推导出反映溶质运移的概率密度函数，同时考虑了溶质运移时的水动力弥散作用，将溶质运移理论研究推进了一步。Rifi（1956）在 Scheidegger 研究成果的基础上，又考虑了溶质运移时的分子扩散作用，并引入了"弥散度"的概念，来表征土壤特性对溶质运移的影响，使溶质运移理论研究更加深入。Nielsen 和 Biggar（1960）从理论上推导建立了对流-弥散方程，并根据实验结果，对 Lapidus、Scheidegger 及 Nielsen 的模型进行了比较分析，结果表明：对流-弥散方程能较好地描述非反应性物质在多孔介质中的迁移规律。Nielsen 首次系统地论述了对流-弥散方程的科学性和合理性，建立了一维对流-弥散方程。Biggar 和 Nielsen（1976）针对生产实际应用出现的理论结果与实测值不吻合问题，认为理论值与野外实测值之间的差异是由于土壤的空间变异性所致。之后，野外溶质运移的模拟模型便分为两大类。第一类是确定性模型，即对流-弥散方程，该模型可较好地揭示溶质在均质多孔介质中的运移机理及时间、空间对溶质运移的影响。但是，由于模型中参数的空间变异性等问题，到目前为止，确定性模型还不能有效地应用于野外大田的研究。第二类是随机传输函数模型，也称为"黑箱模型"，是由美国加州大学 Jury 教授（1982）提出的。Jury 教授认为溶质在土壤中运移的具体细节过程犹如"黑箱"，是无法准确描述的，溶质在不同深度土层中迁移的通量，可通过已知浓度的累积入渗通量来估计，在溶质运移的野外大田试验观测资料还不丰富的情况下，"黑箱模型"是目前模拟大田溶质运移规律最有效的模型。另外，美国国家盐土实验室（U.S. Salinity Laboratory）的 Van Genuchten 教授在对流-弥散模型的基础上提出了考虑土壤中不动水体影响的可动水-不动水体模型，该模型视溶质在可动水与不动水两孔隙中，且还在两个区域间相互运移，考虑了可动水、不动水的作用及相互影响，更为切合实际。目前，对流-弥散方程模型、黑箱模型和可动水-不动水体模型构成了当今世界上溶质运移研究的三大学派（魏新平 等，1998）。

近年来，我国土壤物理学者、环境科学工作者及农业科学工作者注意到国际上关于溶质运移研究的新动向，也在室内、室外开展了一些溶质运移的试验研究和数值模拟。例如，清华大学雷志栋等（1982）用里兹（Ritz）有限元法对非饱和土壤水一维流动问题进行了数值计算，之后又用有限差分法对均质土壤降雨喷洒入渗模型进行了数值计算。武汉水利电力大学的叶自桐、黄康乐（1988）分别对饱和-非饱和土壤溶质运移进行了试验研究及数值模拟。叶自桐还对传输函数模型进行了简化，提出了适宜入渗条件下土壤盐分对流运移的传输函数修正模型。中国科学院南京土壤研究所的王福用室内试验及数值模拟方法研究了降雨淋洗条件下溶质在土壤中运移的问题。中国农业大学的黄元仿、李韵珠等在田间条件下研究了土壤氮素运移的模拟模型，用田间观测值进行了氮素平衡计算。清华大学的杨大文、杨诗秀在室内土柱上研究了杀虫剂在土壤中的运移及其影响因素。学者们从溶质运移的对流-弥散方程出发，通过室内控制试验，测定对流-弥散方程中的水动力弥散系数和孔隙水流速度，然后用有限差分法求解方程，分析了各主要参数对溶质运移的影响，以便研究影响溶质运移的因素。

（二）土壤水盐运移模型

土壤水盐运移模型的研究是在大量的试验和理论探索中进行的，这些模型基本上可分为物理模型、宏观水盐平衡模型、确定性模型和随机理论基础模型。其中，确定性模型主要有对流-弥散传输模型、考虑源汇模型、传输函数模型等（Parker，1988；Nielsen，1986），它以质量守恒定律和动量守恒定律为基础，由基本的对流-弥散方程及其辅助性方程组成，模型中的变量、边界及初始条件都是确定的，因此它每次都能得到一组确定的解，该类模型能较好地描述溶质在多孔介质中的运移机理及时间、空间对溶质运移的影响。

对流-弥散传输模型考虑溶质在土壤中的对流弥散作用，有时也伴随着溶质被吸附与分解的过程。在此基础上，国外 Nielsen、Van Genuchten（1980）等，国内王全九、同延安等（1998）发展了两区模拟，它是在对流-弥散模型的基础上，以物理非平衡模型为依据，考虑了土壤中不动水体影响的可动水-不动水体模型。在两区模型中，Van Genuchten 更进一步尝试溶质在可动水与不动水两孔隙中，且还在两个区域间相互运移，考虑了可动水、不动水区的作用及相互影响，更为切合实际。Nielsen 等（1986）提出考虑源汇项（土壤矿物分解、植物吸收、养分还原、放射性衰减、沉淀）的饱和土壤溶质迁移数学模型（黄冠华 等，1995），综合考虑了土壤中溶质迁移的各种现象，反映了土壤溶质迁移的物理、化学、生物等过程，更为完善。随机模型考虑了土壤的空间变异性及水分、盐分运动的随机性，适用于野外非饱和土壤溶液运移的研究，有较好的效果，但缺乏实测资料验证，还需进一步完善改进。传输函数模型（吕殿青 等，1999）是以溶质运移时间为随机变量的一个随机传输模型，它是将溶质在土壤孔隙中的复杂运动作为随机过程来处理的。对于一个确定的溶质运移过程，总可以通过随机变量定义的联合概率密度函数来描述，该条件密度函数体现了所研究土体内复杂运移机制及其溶质运移过程。该模型的最大特点是便于考虑空间变异性及土壤各向异性问题，对田间溶质迁移研究是十分方便的。目前研究得最多的模型是从土壤水分运动理论和多孔介质中的溶质运移理论出发建立的以对流–弥散为主，综合考虑吸附、解吸、源汇项及可动水、不动水等因素影响的溶质运移模型。这类模型能较好说明土壤溶质传输基本特征，具有坚实的理论基础。但是，由于土壤参数时空变异性以及计算的复杂性，目前所做的一些模拟大多采用简化模型（Katerji，2000）。

当前，国内外普遍较通用的模型是由美国国家盐土实验室研制开发的SWMS-1D、SWMS-2D、SWMS-3D、HYDRUS-1D、HYDRUS-2D 等一系列模型，它们成功地模拟了饱和–非饱和多孔介质中水分、能量、溶质运移的数值模型。其应用领域涉及节水灌溉、盐碱土改良、农药污染、放射性物质泄漏、核物质运动、环境污染物扩散等，为农业种植、工业生产和环境保护等提供了必要的科学依据。

（三）土壤水盐运移数值模拟方法

土壤水盐运移的求解方法目前主要有两种，即解析或半解析法和数值计算法，最有效的方法是数值计算方法。

数值计算方法主要有有限差分法和有限元法。有限差分法的基本思想是用差商近似控制方程中的微商，然后耦合初始条件及边界条件求封闭的线性代数方程组。该方法具有物理概念清楚、直观、易懂、计算简单、编制计算程序容易等特点。有限差分法最早被 Hanks 和 Bowers（1962）用于求解非饱和水流的问题。此后，雷志栋等（1982）、张瑜芳等（1984）也利用该方法求解各种情况下的一维非饱和水流运动问题。Selim 和 Kirkham（1973）、Homung 等（1980）和李恩羊（1982）将其发展为交替方向隐式差分法。有限元法为我国数学家冯康所创建，其基本思想是采用插值近似使控制方程通过积分形式在不同意义下得到近似满足，把研究区域转化为有限单元而列出计算格式。许多学者在一般有限元的基础上提出了许多不同的改进方法。例如，Van Genuchten（1982）提出了求解一维非饱和水流的 Hermit 有限单元法，分别用固定网格差分法和有限元法模拟了分层土壤的入渗过程；黄康乐（1988）提出了特征有限单元法和交替特征有限单元法，朱学愚等（1994）提出了非饱和流动问题的 SUPG 有限元数值解法。任理（1994）把有限解析法引入求解非饱和流的问题，并把混合拉普拉斯变换有限差分法和混合拉普拉斯变换有限单元法用于求解水盐运移问题。Knolls，Westrink 和 Sheen 与陈启生、戚隆溪分别利用有限差分法、二阶 Petror-Galerlin 有限二元法、特征差分法求解对流–弥散方程，模拟出不同时期的土壤水盐的浓度分布。雷志栋等（1988）研究基于差分法的非饱和土壤一维溶质运移的数值模拟方法，采用数值稳定性较好、计算精度较高且不易产生数值弥散的 Bresler 算法，结果表明对模拟非饱和一维溶质运移过程是有效且适用的，模拟结果可为土壤水分及溶质运移的预报预测提供依据。李朝刚等（1996）导出具有构造性和易于编程特点的解非饱和流土壤溶质运移的数值方法。

（四）土壤水盐运移规律

近几十年来，土壤中水盐运动规律研究经历了从定性到定量，从模拟到田间检验，再到区域的研究过程，建立了盐渍土形成和演化的理论和研究方法。

1.盐渍土水盐运移规律微观机理的研究进展

Schefield 和 Chosimov 早在 20 世纪 30 年代提出了土壤水盐运动平衡理论与达西定律相结合，构成了现代水盐运动研究的基本理论框架。Nielsen（1961，1962）根据一系列实验提出了易混合置换理论，认为溶质的通量是由对流、扩散和弥散的综合作用引起的。Gardner 和 Bresler 对土壤与溶质间的相互作用进行了广泛研究，认为在土壤溶质的运移过程中，扩散和对流过程可以同时出现，或以相同方向或相反方向发生，并根据费克（Fick）第一定律导出了一维土壤溶质运移方程。20 世纪 70 年代中后期，水盐运动机理研究注重田间复杂的实际情况。Bear 所著的《多孔介质流体动力学》一书中，系统总结了地下水运动规律与机理。随着土壤水盐运动机理的研究日渐深入，各种定量描述土壤水盐运动的模拟模型也相继问世。

国内对土壤水盐运动的研究公开发表论著起始于 20 世纪 80 年代。张蔚榛（1984）提出了土壤水盐运移模拟的初步研究结果。李韵珠等（1985）运用动力学模型研究了非稳态蒸发条件下夹黏土层的土壤水盐运动。刘亚平等（1985）在稳定蒸发条件下，应用土壤水盐运动模型进行了多方案计算，提出了潜水蒸发与埋深关系公式和用潜水蒸发量近似估算土壤盐分的方法。贾大林利用同位素和数学模拟研究土壤水盐运动。杨金忠、陈研在饱和-非饱和土壤水盐运动的计算方法的研究上取得了进展。陈文林等研究了多种离子在土壤中饱和流情况下的行为，并建立了多离子耦合运移模型。这些成果都为今后的进一步深入研究提供了有价值的参考。中国农业大学左强（1991）研究了排水条件下饱和-非饱和水盐运动规律。张友宽在随机理论基础上，用导水率呈对数函数形式的高斯协方差函数对三维各向异性土体中的溶质迁移做了分析，并将结果与以前导水率呈指数函数形式下的结果进行了比较。杨玉建、杨劲松在土壤水盐运动的时空模式化研究中，初步分析了土壤水盐运动的机理模型，总结了对流-弥散方程建立的一般思路及数值解法的局限性。王全九等（2007）在《土壤水分运动与溶质迁移》一书中，介绍了土壤水分和溶质迁移的基本理论，并阐述了土壤水分运动和溶质迁移的数学模型及参数确定的方法，以及在小流域上的空间变异特性。

2.盐渍土水盐运动的区域性研究

大规模的区域性旱涝和土壤盐渍化综合治理推动了区域水盐运动研究的进展，即在一个流域的大范围内，对水盐运动的过程及其规律进行宏观研究，以作为区域综合治理和水盐调控的科学依据。Tepacnmog 提出了利用水盐平衡法预报地区水盐动态模型。Kaddah 用水盐平衡方法模拟计算了加利福尼亚一个小流域的水盐平稳状态，模拟结果与实测值吻合得较好。Lane 对 Mojave 沙漠内部进行了水平衡及植被净生长量的计算。Dennis 对太平洋上的珊瑚岛进行了水平衡计算。这些模拟模型具有一定的适用性。K.K.Tanji 总结了美国西部 10 个水文盐渍化模型，包括土壤、地下水、地表径流三个子系统中的水盐运动。他指出，以流域为尺度的水文盐渍化模型研究，使人们对极其复杂的大范围内水盐运动的认识深入并定量化，是当前和今后水盐运动研究的一个重要领域。20 世纪 70 年代末和 80 年代初，英国、丹麦、法国合作开发欧洲水文系统，包括对径流、土壤水、蒸发、积雪融化模型的研究与耦合，应用于欧洲水资源的合理开发利用。索柯洛夫等系统总结了苏联水资源区域再分配的研究成果，即在一个流域的大范围内，对水盐运动的过程及其规律进行宏观研究，以作为区域综合治理和水盐调节管理的科学依据。

在国内，石元春等（1991）在提出地学综合体概念的基础上，应用分区水盐均衡方法，对黄淮海平原水盐运动规律进行了研究，划分了八个类型的水盐运动区域，在此基础上进一步考虑了人为因子对水盐运动强度的影响，并绘制了区域水盐运动类型图，为区域水盐平衡分区计算打下了良好基础。叶自桐对传输函数模型进行了简化，提出了适于研究入渗条件下土壤盐分对流运输的传输函数修正模型，并根据田间不同矿化度灌溉入渗实验结果，得到了盐分通过 0～60 cm 土层时的时间概率函数。杨金忠等在《多孔介质中水分及溶质运移的随机理论》一书中，系统介绍了地下水及溶质在多孔介质中运移的随机理论方法。王全九等假定土壤孔隙是由一系列大小不同的毛细管组成，而且毛细管尺寸分布符合土壤水分特征曲线，同时孔隙间发生着溶质交换，这种交换与土壤孔隙的连接性有关，发展了土壤溶质迁移的几何模型。韩双平等（2005）发表了《银川北部平原土壤水分运动状态类型及水盐运移机理研究》，在很大程度上推动了我国水盐运移研究的进程，为盐渍土的改良提供了科学依据。

三、盐碱化草原水盐空间变异性

（一）土壤物理特性空间变异规律

国外自 20 世纪 60 年代就已经利用地统计学方法研究土壤水分、机械组成、容重等特性的空间变异性，近年来研究有所深入。J.B.Campbell 首先采用地统计学方法研究了两个土壤制图单元中沙粒含量和 pH 值的空间变异。Dirk 等用地统计学方法得到除土壤黏粒外各种土壤化学性状都有相似规律的结论，并模拟出土壤电导率最优采样间距的空间预测模型。Burgess 等（1980）在分析土壤性质空间变异规律的基础上，引进新的土壤预测和模拟技术，并加以完善和丰富。Vauclin（1983）等以沙粒含量作为协同变量，对土壤有效水含量进行估值。McBratney 等（1983）找出土壤颗粒组成的协同区域化关系，利用采样密度较大的心土粉粒和沙粒含量，计算表土粉粒含量的协同克里金值。Schlesinge 等（1996）用地统计学方法研究半干旱地区土壤养分和水分资源空间分布异质性与土地退化的关系。Tsegate 等（1998）通过研究认为精耕细作能够影响土壤物理属性的空间变异性，进而影响取样间距的大小。Herbst（2003）结合地统计学模拟和实测模拟对小尺度集水区的土壤水分空间变异进行了研究，结果表明两种方法的模拟结果由于研究尺度存在差异，不具有可比性。Buttafuoco（2005）运用多变量地统计学分析了土壤水分的时空变异结构。最近几年，国外的研究已更多地转向土壤化学特性和生物特性。

目前国内研究主要集中于土壤水分（包括饱和导水率、渗透率）、机械组成、容重等方面，从现有的资料看，研究方向由纯粹的土壤特性空间变异逐渐向应用研究成果转变（张淑娟 等，2003）。雷志栋等（1985）应用地统计学对土壤的颗粒组成、干容重、土壤水吸力、含水量和饱和导水率的空间变异性进行了分析，得出了各变量的合理取样数；用克里金空间插值法进行了土壤黏粒含量的插值，并与一般线性内插进行比较，认为克里金空间插值法精度较高，并且可以得出估值的方差。周慧珍（1996）等对红黏土湿度和表层色调进行半方差拟合。李子忠、龚元石（2000）分别应用传统统计学和地统计学，对农田土壤含水量和电导率进行采样并对采样数进行了分析，认为用地统计学确定的合理采样数比传统统计学高出 6~8 倍，大大提高了采样效率。李毅等（2000）根据有代表意义的田间持水量值进行空间变异分析，确定了合理埋设观测管的数量和间距，这对于农田节水过程中动态监测土壤水分状况是十分必要和可行的。刘付程等（2003）运用地统计学和地理信息系统（GIS）方法，分析了苏南典型地区耕层土壤颗粒的空间变异特征，结果表明沙粒和粉粒的空间相关距离达到 243 km，黏粒也达到 81 km；不同粒径土壤颗粒由结构性因素引起的空间变异达 70% 以上，反映了土壤颗粒在研究区内具有较强的空间自相关性。徐英等（2004）认为尺度的划分和选取与土壤水分大小有密切关系，尺度效应的研究对于指导农业技术研究中野外采样系统设计、节省外业调查工作量及科学进行内业计算评估和揭示农业工程中具有地学特征的区域性自然规律有重要作用。苏永中等（2004）研究了科尔沁沙地旱作农业 300 m×90 m 尺度下 0~10 cm 土层土壤理化性状的沙漠化演变及其空间变异特征，结果表明表层土壤粗粒化、持水性能和孔隙分布的恶化以及土壤养分的贫瘠化演变表征了农田沙漠化的发生和发展。熊亚兰（2006）考虑了坡度对土壤的空间变异的影响，对坡地的土壤水分特性空间变异进行了研究，得出各水分特性在坡面各层的变异情况，并绘出各水分特性的克里金空间插值图，即空间分布图。在农田灌溉管理决策中，利用中子仪监测土壤水分时，中子仪观测管的个数、间距及具体的位置对于灌溉决策的精度有重要的影响。

（二）土壤化学特性空间变异规律

现阶段土壤化学特性的空间变异研究主要包括土壤养分、盐分及微量元素等方面。

1.土壤养分空间变异的研究发展现状

由于现代精确农业变量施肥需要，在学术界土壤养分的空间变异研究最为多见。美国、加拿大等许多发达国家的报道中描述了土壤养分、土壤盐分、pH值及有机质等化学属性的空间变异情况（Cahn et al., 1994)。Verhoeff 等研究发现，内布拉斯加大学南中心实验站 41 cm 土层水平方向的硝酸盐、溴化物累积量的半方差都符合指数模型（Verhoeff et al., 1997）。Bolland（1998）通过磷、钾测土值研究酸式碳酸盐土的磷、钾空间变异性，得出其空间变异系数较大，大多数样点变异度大于 20%，一些甚至可达到 50%的结果。Brain 等应用 3 种不同的模型研究美国宾夕法尼亚州土壤磷的空间变异，经过多重比较表明运用克里金空间插值法能更好地表现土壤磷的空间自相关性。

近几年，国内开始采用美国标准进行变量施肥，一些土壤科学家开始了土壤养分空间变异性的研究，如表土全氮量的半方差、有机质含量的半方差模拟。张有山等（1998）对北京昌平县土壤养分进行空间变异的研究，并画出了土壤养分图。中国农业大学实验站（1999）对农田土壤养分空间变异研究表明，底层土壤 NH_4^+-N、表层有机质变异服从正态分布，表层 NH_4^+-N、NO_3^--N、速效磷、底层 NO_3^--N 都基本服从对数正态分布，且这些养分在一定范围内存在相关性，土壤表层有机质、全量氮和磷、pH 值变异性较小，碱解氮、缓效钾、速效磷、速效钾等变异性较大（胡克林 等，1999）。郭旭东（2000）应用地统计学和 GIS 技术对河北省遵化县土壤中速效磷、速效钾和有机质进行了时空变异的研究，其结果表明 9 年间 3 种养分的含量有所提高，其中有机质的空间变异程度较大。吕贻忠等（2002）对鄂尔多斯荒漠区不同地貌类型下土壤养分分布特征进行了初步分析。张世熔等（2003）对河北曲周 1980 年和 2000 年两个时段土壤氮素养分的时空变异特征进行了分析。赵良菊等（2005）用传统地统计学方法对甘肃省河西地区武威灌区有机质、NH_4^+-N、有效磷及钾的空间变异进行了分析。

2.土壤盐分空间变异的研究发展现状

土壤盐分的分异状态在一定程度上反映了土壤层内的盐渍化程度和状态，了解其分异规律对于指导人们根据土壤盐分分异规律和变化动态进行灌溉和排水及制定防治土壤盐渍化措施、保证土地质量具有重要意义。Rhoades 等探讨了该方法用于区域土壤盐分分布预报的可行性，并得到了一幅区域盐渍化分布图。Jordan 等（2004）对干旱与半干旱地区土壤盐分在地质和环境因素影响下的空间变化进行了研究。

我国学者石元春等（1991）研究了区域多点土壤盐分动态统计预报模型及区域土壤盐分动态分布模型，并取得了明显进展。王红等（2005）探讨和比较了用普通克里金（ordinary Kriging，OK）与协同克里金（Co-Kriging，COK）两种内插方法估算土壤中 CL^- 的含量精度差异，结果表明 COK 法要比 OK 法估算结果更精确，在此基础上分析了近代黄河三角洲土壤中水盐运移的规律。

3.土壤微量元素空间变异规律的研究

随着环境中污染物的扩散和人们过多地施用化肥农药，土壤环境质量面临日益下降的问题。国内外开展了大量有关土壤重金属等污染物的空间变异地统计学研究。例如，Webster 等（1984）对 1 hm² 农田的铁和锰进行研究，发现二者有相当强的空间依赖性，空间相关距离在 80 ~ 100 m，但锌和铜则几乎没有。White 等（1997）对美国土壤锌的含量分布进行了半方差分析，发现其空间的自相关距离为 470 km，虽然模型的拟合程度不高，但仍可用克里金插值作出美国土壤锌的分布图。Chang 等（1999）对整个中国台湾地区土壤中砷的空间变异进行了半方差分析和克里金制图，发现台湾西南地区砷的含量超过了整个台湾地区的均值。

微量元素在保证植物正常生长发育方面与大量营养元素所起的作用是同等重要的。当作物缺乏某种微量元素时，作物的生长发育会受到明显的影响。张超生

（1997）研究了长江流域铜、铅、锌等重金属富集的空间变异，发现铜和锌的空间自相关距离为 1 000 km。王学军等（1997）运用地统计学方法对北京东郊土壤表层的重金属含量进行了分析，对结果进行了克里金空间插值并在此基础上做出了污染评价。其结果表明，运用此方法可使土壤污染评价更为准确、深入、细致，能够充分反映污染物的二维分布变化。王学军和李本纲等（2005）分别对深圳市、北京市东郊污灌区及内蒙古土壤微量金属含量的空间分异特性进行了分析，得出了不同层面上的各微量元素克里金空间插值图。此外，张乃明等（2001）对太原污灌区土壤重金属含量的空间变异特征的研究也表明，采用克里金空间内插法估值可以很好地反映其空间分布特征。赵良菊等（2005）通过对甘肃省武威地区灌漠土微量元素的空间变异性研究得出变异系数、$C_0/(C_0+C)$ 及分形维数三者之间的关系，并且总结出三者的不同之处是：变异系数与均值有关，只在一定程度上反映总体，而 $C_0/(C_0+C)$ 及分形维数则能定量地描述土壤微量元素空间含量分布的不规则性和相关性。史文娇等（2007）将 GS+ 与 ArcGIS 8.3 相结合，对双城市的土壤重金属的空间变异和影响因素进行了分析。

综上所述，土壤物理特性和化学特性的空间变异研究在引入地统计学后获得了极大的发展。而且计算机技术的发展，GIS 技术的日趋成熟，都有助于更好地拟合土壤的空间特性，揭示土壤空间变异规律。但值得注意的是，有关干旱区土壤特性的研究较少，特别是用地统计学方法结合 GIS 技术来研究干旱区土壤养分的空间变异的更是少见。

四、盐碱化草原生态修复与评价方法

（一）生态修复方法

自 20 世纪 20 年代开始，德国、美国、英国、澳大利亚等国家对矿山开采扰动受损土地进行恢复和利用，逐渐形成土地复垦技术，包括农业、林业、建筑、自然复垦等。70 年代后，受生态工程学术思想的影响，从土壤环境修复和生产力恢复层面上升到了生态系统恢复层面，基本内涵就是在人为辅助控制下，利用生态系统演替和自我恢复能力，使被扰动和损害的生态系统恢复到接近于其受干扰前的自然状态，即重建该系统被干扰前的结构与功能及有关的物理、化学和生物学特征。1975 年，在美国首次召开了"受损生态系统的恢复"国际会议，对生态修复的原理、概念和特征进行了探讨。此后的 20 多年内，国际上多次召开这个议题的专题讨论会。Jordan（1987）出版了《生态恢复学》专著，Bradsh（1993）做了更详尽的研究，生态恢复学成为生态学一个分支学科，生态恢复技术研究的领域进一步拓宽。1994 年在英国召开的第 6 届国际生态学大会上，生态恢复学是 15 个议题之一。生态恢复在美国及西欧的一些发达国家受到广泛重视。德国、丹麦、瑞典等国进行的河流曲化恢复工程表明，氮、磷营养物质的去除率很高。美国 1991 年提出庞大的生态修复计划，在 2010 年前恢复受损河流 64 万 km，湖泊 67 万 hm^2，湿地 400 万 hm^2。亚洲的日本、韩国等国家最近几年对生态修复的研究也尤为重视，并且实施了一系列的生态修复工程，使河湖的水质得到改善，保证了饮用水安全。

中国早在 20 世纪 80 年代就已经开展水生生态系统对污水净化作用的研究，进入 90 年代后，这方面的研究继续深入，并相继开展了一系列生态工程的实验研究，取得了大量的研究成果，为生态工程的实用化及生态修复理论的形成奠定了基础。

在盐碱土上种植耐盐植物，不仅可改善生态环境，而且可利用耐盐植物发展养殖业，不失为治理盐碱土的有效措施（Dormaar et al.，1997）。2002—2004 年精选 22 个耐盐植物品种，在宁夏银北盐碱土上进行了筛选试验和示范种植，筛选出了红豆草、苜蓿、聚合草、小冠花、苇状羊茅 5 个比较耐盐的植物，对盐碱土的改良和高效利用具有较大的作用。经秋季测定可使盐碱土 0～20 cm、0～100 cm 土层平均土壤脱盐率分别达 31.1% 和 19.1%。其中以种植红豆草脱盐率最高（高达 56.5%），其次是苜蓿、聚合草、小冠花，脱盐率分别为 36.0%、25.0%、22.2%。可见，盐碱土上种植耐盐植物增加了地面覆盖度，可有效地抑制土壤返盐（Fitter et al.，1981）。

还有其他生态修复的途径，如海滨盐土植被修复与经济利用模式，研究开发一系列适合我国盐土资源的优质耐盐经济植物种质资源，直接、快速地建立第一生产力，确保生态、经济和社会综合效益的提高；耐盐牧草、饲料选育与滩涂扩繁模式，运用生物技术与生态技术相结合，选育高产、优质和抗逆的牧草品种。在苏北滩涂大规模扩繁，并通过平衡供草，为沿海地区开发种草养畜（禽）业提供科学依据；滩涂草基鱼塘模式和新筑海堤绿化护坡的植被重建模式，通过种植耐盐牧草，既养鱼又护堤，生态经济效益显著；米草生态工程及其生态控制模式，不失时机地利用米草生物量进行绿色食品的开发和综合利用，促进生态系统的良性循环，可以将米草种群发展控制在适度水平，是防范和控制米草入侵的有效模式之一。

（二）投影寻踪方法

在国外，Flick（1990）利用投影寻踪技术帮助海军沿着有利的路线到达目标点。即使由于位置测量存在误差，投影寻踪方法仍能排除干扰，给出稳定的方向解。Glover 等（1994）将投影寻踪技术用于大气颗粒源解析分析。由于观测的资料是一些高维数据序列，用投影寻踪方法投影后，选出其中极有效的几维，去捕捉数据的主要特征，并借助风向资料判定大气颗粒的来源。Batchmann（1994）用投影寻踪技术识别模拟雷达信号，并解决了时间相依的分类问题。Safavian（1997）用投影寻踪技术压缩可观测到的图像信息，进而识别其余未能观测到的系统信息。

在国内，田铮等（1997）将投影寻踪回归分析方法用于导弹目标追踪问题的研究，由于高维特征量压缩与提取是声呐目标信号分类首先要解决的关键问题，在投影寻踪理论的基础上提出了采用投影寻踪压缩与提取进而分类的理论和方法。将此方法用于实测数据，结果表明，这是降低特征空间维数、正确进行分类行之有效的方法。李祚泳等（1999）应用投影寻踪回归技术建立了流域年均含沙量的预测模型，用降水量和年平均径流等 4 个因子建立的某流域平均含沙量的 PPR 预测结果的拟合合格率达 100%，预留检验样本报准率为 75%，表明 PPR 用于泥沙输移规律的预测研究是可行的。杜一平等（2002）用投影寻踪的方法搜寻理想的投影方向，以便使高维数据降维而发现数据中化合物的分类信息，并利用这样的分类信息对样本进行分类建模，取得了理想的结果。金菊良等（2002）为预测年径流这类高维复杂动力系统，提出了投影寻踪门限回归模型，构造了新的投影指标函数，用门限回归模型描述投影值与预测对象间的非线性关系，并用实码加速遗传算法优化投影指标函数和门限回归模型参数。实例的计算结果表明，用 PPTR 模型预测年径流是可行且有效的。侯杰等（2003）应用投影寻踪回归技术，对非正态、非线性悬栅消能率实验数据，用 1/5 数据建模拟合，4/5 数据留做预留检验，拟合合格率 92%，预留检验合格率 92%，并与激光测速得出的消能率及原型观测的消能率完全吻合。刘卓等（2003）分析了基于信息散度指标投影的寻踪方法在高光谱图像处理中的应用，给出了它与主成分分析处理结果的对比，并提出 PP 与高光谱研究的发展方向。林伟等（2003）针对现有模糊图像的复原方法，提出了一类新型人工神经网络——投影寻踪子波学习网络，并将其用来处理图像的去模糊问题。这类新型网络具有投影寻踪学习网络优点，在先前条件知道甚少的情况下，不用求点扩展函数，直接通过网络的学习提取参数，以达到自适应剔除图像的模糊信息，恢复原图像，且具有小波函数的时域局部性，可以对多种噪声源的模糊图像进行恢复。模拟结果表明，该方法的无监督图像恢复明显优于现有图像恢复方法。金菊良等（2004）针对动态多指标决策中指标和时段的权重确定问题，提出了基于投影寻踪的理想点法新模型。该模型利用决策矩阵样本的内部信息，把方案的三维决策矩阵综合成一维投影值，投影值越大表示该方案越优，根据投影值的大小就可对各方案进行综合排序决策。张玲玲等（2005）提出房地产投资多目标决策模型，结合指标及数据分布特点将投影寻踪方法应用到房地产风险评价中，采用基于实数编码的加速遗传算法来简化 PP 模型建模过程。该方法直接面向数据建模，将多种指标进行线性投影，为决策者提供了一个综合全部指标信息的决策依据，且具有简便、通用、准确等优点。

（三）生物多样性评价方法

1.物种多样性在草原生态系统中的研究

在采食强度不够条件下，Smith 指出草食动物采食强度过低会导致草原生态系统植物群落的物种多样性下降。刘丙万等（2002）的研究结果证明了这一观点，青海省海晏县克图地区围栏封育后，由于普氏原羚羊种群密度低，采食强度不足，物种多样性指数仅为 0.96 ± 0.43。

在适度采食强度条件下，草食动物的采食能够提高草原的初级生产力、植物物种的多样性和牧草的比例。汪诗平（2000）的研究结果证明了这一观点。Ellis 和 Swift 的研究表明，缺乏草食动物的草原生态系统，植物群落的生物多样性往往会降低，初级生产力也会降低。因此，适度采食对于草原生态系统管理是必需的。在草原生态系统中，食草动物的采食使一些优势种的生物量或盖度下降，其他物种就有了生存的空间，从而提高了草原生态系统的生物多样性（中国科学院生物多样性委员会，2004）。Huston（1985）针对草原生物多样性提出假说，认为在封育条件下，草原生态系统往往只存在少量竞争力强的植物，适度采食往往促进多物种的共存。Milchunas 等（1998）认为 Huston 假说能够预测有长期进化历史的草原生态系统中草食动物采食强度与生物多样性的关系。有关草食动物采食强度对草原生态系统植物群落结构和物种多样性影响的研究，中国科学院内蒙古草原生态系统定位站、中国科学院海北高寒草甸生态系统定位站开展了大量的工作，研究发现：草本植物物种丰富度随放牧强度和生物量的增减而变化，即草本植物的丰富度在群落生产力中等时最为合适，而且物种丰富度将随着围栏封育年限的增加而减少（高贤明 等，2004；刘伟 等，1999）。这一研究结果为实现草原生态系统的可持续利用、保持草原生态系统的结构和功能、保护生物多样性、恢复退化草原奠定了基础。

2.围栏封育对高寒草原物种多样性和生产力的影响

人们采用了多种方法来恢复和提高退化草场的生产力，对草场进行封育和半封育就是其中的有效措施之一。周兴民等采用马尔柯夫链对高寒草甸草场封育后植物类群数量消长规律进行了研究，结果表明，退化草场被封育后，虽然植物群落的物种组成变化不明显，但是组成草场植被的植物种群在数量比例、高度、盖度、产量等方面均发生显著变化，从而草场植物群落结构也发生了改变，因此提高了草场的经济利用价值。李希来（1999）研究了高寒草甸草原全封育下的植物量变化，对封育草原内地上及地下植物量的测定结果表明，高寒草甸草原封育时间以 2 年为佳。建议利用现有围栏，针对冬春草原采取冬季利用枯草、早春禁牧（4～7月）的措施，封育退化草原 2 年，即可达到封育效果。李青云等（2002）研究围栏封育对高寒草甸退化植被的作用，结果显示围栏封育 2 年，优良牧草的比例从 50%上升到 70%。周国英等（2004）研究认为随着围栏封育时间的增加，由于该地属于冬春草场，在植物生长季围栏内所受干扰较小，植物种类变化不大，群落结构也较为稳定；而围栏外受人为干扰较大，群落结构趋于简单，物种也在减少，但由于大多数植物具有较强的耐牧性，故物种数减少的幅度较小。通过对围栏内的所有样方中优良牧草进行比较发现，禾本科植物的重要值大于围栏外的，而围栏外的杂草类的重要值则大于围栏内的。

3.补播对高寒草原物种多样性和生产力的影响

由于草原补播可显著提高草原的产量和品质，从而引起了国内外的重视。对天然草原进行补播简单易行、投资少、见效快，在增加草层的植被种类成分、草原的覆盖度和提高草层的产量和品质方面，比单施化肥、刈割等措施效果明显。经封育、灌溉、补播几种方式改良荒漠草原后，补播对草原的改良效果最为明显（刘欣 等，1995）。卜繁超等（2002）在天然草原播种一些以沙打旺为主的优良牧草，从而改良了大面积低产牧场，使改良后的牧场优良牧草的产量高出对照区的平均产量 4 ~ 5 倍。也有学者研究条带式补播改良陡坡草原，不仅可以提高产草量，而且可以改善草群品质。混合补播豆科牧草沙打旺和禾本科牧草披碱草后，既能显著地提高草层高度、群落盖度、密度、优质牧草频度和产草量，同时也明显地改善了植物群落的组成。由此可见，对草原进行补播均能大幅度提高草场产草量，增加优质牧草比例、草场盖度，是改良天然草场的有效途径。

五、遥感技术

遥感（remote sensing）技术是 20 世纪中叶兴起的一种探测技术，是利用人造卫星、飞机、无人机或其他飞行器收集地面目标电磁辐射信息，判定地球环境与资源的技术（姜毅 等，2018）。由于遥感技术可以从不同高度和不同范围快速、高效、多谱段地进行感测来获取人们所需信息，因此在诸多领域得到广泛认可和应用，如土地、水文、气象观测及资源考察等方面（董静，2015）。随着水利工程信息化水平的不断提升，遥感技术在水利信息化中发挥着越来越重要的作用，在水旱灾监测、水文地质调查、水利工程建设中都有广泛应用。信息技术的高速发展为遥感技术的应用提供了新的契机（姜维军 等，2021）。

（一）遥感技术理论

遥感技术是以电磁波与地面物体的相互作用为基础，研究地球的自然资源与生态环境，以揭示地球表面的空间分布与时空变化的一门新兴的科学技术（吕占华，2015）。遥感的过程简单叙述如下：太阳辐射中波长大于大气窗口的能量穿透大气层进而到达地面，由于地物复杂多样，不同波长的能量到达地表后，就被地物进行吸收、反射、折射等。地表发射或者反射出来的能量，再一次经过大气层并伴随着能量衰减，这样传感器接收到的辐射能量就会大大减少，从而引起图像变形、质量较低等现象。遥感仪器将这些辐射能及反射波谱记录下来生成图像产品，专业人员再对获取的图像产品进行分析、解译，并制作信息产品。遥感数据质量的高低直接影响生产遥感信息产品的质量，而遥感数据的质量又与传感器质量密不可分，遥感传感器的更新换代会直接提高遥感数据质量。例如，高光谱就是高光谱分辨率的成像光谱仪获取的地物光谱信息，因为波段较多，所以其与多光谱相比提供的光谱信息也更为丰富，而且可以直接进行地物的识别和分类。

地物反射光谱特性是遥感技术的基础，是连接目标地物与空间两种信息的纽带。不同物体的反射率存在差异，这主要是由地物表面的属性及入射电磁波的波长和入射角的角度的不同引起的。反射率的范围在 0～1，利用反射率可以判断物体的性质。同一物体的波谱曲线反映出不同波段的反射率，将此与传感器对应波段的辐射数据进行对比，能够获得遥感数据与对应地物的辨别规律（周廷刚，2015）。通常情况下，每种地物都有自己独一无二的反射光谱特性，不同的物体由于其内部物质组成和结构的差异而具有不同的反射波谱特征，所以说地物反射率随波长变化是有规律可循的，可以根据传感器接收到的电磁波谱特征的差异辨别不同的物体。因此，在土壤科学的研究和实践中，遥感技术已得到很大程度的应用，特别是在大区域的土壤资源调查中，遥感技术在诸多方面逐渐取缔了部分传统的调查技术，成为土壤分类和土壤制图常用方法之一（Saleh et al.，2013）。

（二）遥感技术分类

按工作平台的不同，遥感技术可分为航天遥感、航空遥感和地面遥感，其中航天遥感把传感器设置在航天器上，如人造卫星、宇宙飞船、空间实验室等；航空遥感把传感器设置在航空器上，如气球、航模、飞机及其他航空器等；地面遥感把传感器设置在地面平台上，如车载、船载、手提、固定或活动高架平台等。卫星遥感和无人机遥感分别是当前应用最多的航天遥感和航空遥感技术，地面遥感主要用于近距离测量地物波谱和摄取供试验研究用的地物细节影像。

1.卫星遥感技术

卫星遥感技术是以人造地球卫星作为遥感平台，对地球和低层大气进行光学和电子观测的一门新型技术。卫星遥感技术具有宏观、快速、动态、经济等优势，可实现对大范围的地表状态全天候的动态监测。世界各国十分重视卫星遥感技术的发展和应用。1960 年美国发射了第一颗气象卫星，标志着卫星遥感时代到来。其后，1972 年和 1978 年美国又先后发射了第一颗陆地卫星和第一颗海洋卫星。当前美国仍然是卫星遥感技术最先进的国家，其世界观测卫星（WorldView）影像空间分辨率达到 0.31 m，为民用遥感卫星中分辨率最高的。我国卫星遥感起步晚于欧美国家，1988 年发射第一颗气象卫星风云 1 号，1999 年发射第一颗数字传输型资源卫星"中巴地球资源卫星 01 星"（CBERS-01）。进入 21 世纪后，我国遥感卫星发展迅速，先后成功发射了气象、资源、海洋、环境减灾、测绘等一系列遥感卫星。特别是 2010 年以后，我国实施了高分辨率对地观测系统重大专项，先后发射高分一号到高分七号 7 颗卫星，在分辨率、重访能力、覆盖能力、载荷类型方面也有了长足进步，数据类型涵盖多光谱、高光谱、红外、雷达、立体测绘等，与世界领先国家的差距不断缩小。同时，我国商业遥感卫星如高景一号、北京二号、吉林一号、珠海一号等也纷纷升空。目前我国在轨光学卫星空间分辨率最高可达 0.5 m，雷达卫星分辨率可达 1 m，可在 2 ~ 3 d 内实现对全国任意地区有效观测，对地观测能力大大增强，并已广泛应用于大范围洪涝灾害监测。

2.无人机遥感技术

无人机遥感技术是利用先进的无人驾驶飞行器技术、遥感传感器技术、遥测遥控技术、通信技术、GPS 差分定位技术和遥感应用技术，自动化、智能化、专用化快速获取资源、环境、灾害等空间遥感信息，并完成遥感数据处理、建模和应用分析的应用技术。随着无人机技术的迅猛发展，低空遥感成为卫星遥感的重要补充并发挥独特作用。无人机低空遥感具有云下作业、机动灵活、应急调度和高分辨率数据获取等独特优势，可以弥补卫星遥感受云层影响大、数据获取时效性难以保障、任务定制成本高等应用瓶颈。无人机遥感技术与卫星遥感技术互相配合可更有效实现下垫面多元信息获取与灾害应急监测。我国的轻小型，特别是消费级无人机技术水平在国际领先，国际市场占有率达 70%。随着导航、操控、电池、材料等技术进步，轻小型无人机的成本大大降低，操作越来越简便，携带和应用越来越便捷。同时航测相机、摄像机、红外相机、多光谱相机、倾斜相机、Lidar等载荷发展快速，越来越小型化，可搭载在无人机上获取多类型的洪涝灾情信息，无人机遥感技术已成为洪涝灾害应急监测的重要手段。

（三）土壤遥感理论

1.理论研究进展

土壤反射光谱特性是土壤性质的综合反映，土壤的颜色、质地、腐殖质含量和各种矿物（铁、锰等）成分等对其反射波谱特性产生明显的影响。土壤反射光谱特性可以用于划分土壤类型、近似地模拟土壤发生过程、监测土壤侵蚀和土壤荒漠化的状况等。

自然条件下的土壤表面反射光谱特性差异较小，需要经过处理增强其吸收和反射特征，其中包络线消除法是一个简单有效的方法。在同一种土壤类型中，一般情况下有机质含量与土壤光谱反射率成反比，即土壤有机质含量越高，土壤光谱反射率越低。同样，土壤的颜色与土壤光谱反射率也成反比，颜色越深的土壤，其光谱反射率越低，如黑土的反射率明显低于风沙土的反射率。不同土壤类型的矿物组成千差万别，矿物的含量会直接影响土壤光谱反射率的高低，一般情况下土壤中Fe_2O_3的含量越高，土壤的光谱反射率就越低。

遥感影像能够反映地表的地物光谱特性，如地形、地物、矿物等特征，这是利用遥感影像进行土壤环境条件、成土因素等调查研究的基础，但遥感影像不能直接探测深层土壤的性质，特别是处于地表以下较深层的土壤剖面的特征。因此，利用表层成土因素、景观特征等的综合分析进行土壤遥感制图的研究得到进一步发展。

土壤发生分类根据气候、生物、地形、母质和时间五大成土因素进行，而遥感技术可以很好地利用发生分类的原理进行土壤分类研究。土壤母质是土壤形成的物质基础，土壤反射光谱特性能够在一定程度上反映土壤母质的特征。在一定的时间和空间范围内，气候因素对土壤形成的影响几乎是均质的，可以忽略，因此土壤的差异主要由地形因素引起，地形因子（坡度、坡向和曲率等）可以利用数字高程模型（DEM）计算得到。生物主要包括土壤动物、植物和土壤微生物，其中土壤动物与土壤微生物与其周围生存的植被有相关性，因此可以利用遥感影像提取的植被指数 NDVI、EVI 等参数来代替。

2.土壤遥感分类研究进展

遥感作为较年轻的学科，在半个世纪的历程中已发展成为集应用性与综合性于一体的既高端又接地气的技术。1957 年，苏联发射了人类历史上的第一颗人造卫星，基于此，自 20 世纪 60 年代开始，在航空摄影和判读的基础上，随着航天技术和电子计算机技术的发展，遥感技术逐渐形成。遥感技术是农业专家快速获取土壤信息的重要手段，它在土壤板结、土壤类型成图、土壤侵蚀状况监测以及土壤开发和土壤退化评价等方面有了广泛应用（付馨 等，2013；彭杰 等，2014；王凯龙，2014）。

随着遥感技术的发展，高空间分辨率和高时间分辨率影像为土壤分类提供了数据支持，在传统土壤分类方法受限或必须耗费大量人力物力才能进行土壤分类的地区，基于遥感技术的土壤分类方法具有独一无二的优势。

近年来，利用遥感影像研究分类问题显然已成为各领域的研究热点，已有大量研究利用遥感影像数据进行土地利用分类（裴欢 等，2018；马玥 等，2016；王宏胜 等，2018；Sun et al.，2015）、森林分类（李梦颖 等，2017；白金婷，2016）、作物分类（刘焕军 等，2017；苏亚麟 等，2018；郭鹏 等，2017）、湿地分类提取（刘焕军 等，2017；李方方 等，2018）等方面的研究，并取得了较好的效果。常规土壤制图方法以土壤发生学为理论指导，考察土壤形成的气候、地形、母质、生物等因素，并且需要依靠土壤专家的经验和复杂的手工操作（Moore et al.，1993）。在土壤野外调查时，必须由一个或者几个了解该地区的土壤调查专家进行详尽的野外考察，然后构建这一地区的土壤-景观模型，同时收集该地区遥感影像、数字高程模型（DEM）、土地利用现状图等辅助信息，把该地区的土壤类型的分布情况粗略地生成土壤制图单元，最后需要专业人员手绘制作该地区的土壤类型分布图。

随着遥感技术的发展，土壤遥感数据已成为土壤制图的重要数据源，通过大尺度的环境信息提取与光谱信息的反演，广泛应用于土壤类型制图（周银 等，2016；Miller et al.，2015；Maynard et al.，2017）。周斌等（2004）利用地形数据并结合遥感影像和传统的土壤类型分布图，采用决策树方法获得了研究区内的土壤分布规律，并制作了研究区的土壤图。朱阿兴等利用土壤–环境推理模型对研究区进行了土壤调查研究，通过模型推测得到研究区的土壤分布情况，验证分类精度后发现此方法的精度和效率均高于常规土壤制图方法。Kempen 等（2009）利用多项式逻辑回归模型更新了其研究区的土壤类型分布图。杨琳等（2009）以黑龙江鹤山农场作为研究区，提取了五种地形因子，采用模糊聚类法获得研究区的环境因子分布图，其结果与传统土壤图相比可以在很大程度上减少采样点数量。Boettinger 等（2010）对土壤制图中土壤信息的不确定性进行了定量分析，并取得了较好的研究结果。

由于野外环境影响土壤反射光谱的因素很多，如云、植被、秸秆等，因此结合土壤反射光谱进行土壤分类会在一定程度上影响分类精度。但是，遥感技术的进步，尤其是高时间分辨率和高空间分辨率遥感影像为野外的土壤遥感分类提供了数据支持。Endre 等（2000）利用 AVHRR 的两种空间分辨率（500 m 和 1 000 m）的影像数据，以数字高程模型数据为辅助，对匈牙利的土壤进行分类研究，发现地形数据能够明显提高分类的精度，并且高分辨率影像的分类精度显著高于低分辨率影像的，这说明高空间分辨率影像有助于提高分类精度。沙晋明等（2000）利用 Landsat TM 影像，以龙游县为研究区，对植被覆盖度较高的东南山区进行了土壤调查，最后得出马氏距离法更适合植被覆盖度较高地区的土壤调查研究。亢庆等（2008）利用 MODIS 遥感数据和地形数据，以第二次全国土壤普查结果为辅助，对不便于采用传统土壤调查方法的干旱地区进行土壤调查研究，总体精度达 70%。依力亚斯江·努尔麦麦提等（2007）利用 Landsat 7 ETM+遥感影像，采用支持向量机方法对研究区内的土壤盐渍化进行分类，总体精度达 95%。亢庆等（2008）以艾比湖地区为研究区，利用 ASTER 和 SPOT 卫星数据，采用最大似然法进行土壤遥感自动分类，总体分类精度达到了 90%。Saleh 等（2013）采用土壤光谱数据和线性光谱分解技术，结合 Landsat ETM 影像对研究区内的土壤类型进行分类研究，认为线性光谱分解技术能够用于利用遥感影像的土壤类型制图研究。张慧等（2013）利用 Landsat TM 影像提取 NDVI 和 NDWI，采用主成分分析法提取特征波段，并结合近红外波段对研究区内的土壤盐渍化进行了决策树分类。刘娟等（2014）利用 Landsat TM 数据和 DEM 数据，采用监督分类最大似然法对青海湖流域内一个代表性区域进行土壤分类研究，总体分类精度达 91.76%。

Dematte等（2015）利用 Landsat 7 和 ETM 遥感数据结合 DEM 发现传感器的第五波段可以很好地区分黏质和沙质土壤。Ogen 等（2017）利用机载三维高光谱数据结合室内 ASD 测得的高光谱数据获取土壤类型分布情况，并取得较好的结果。

（四）松嫩平原土地遥感应用

松嫩平原是我国最为重要的商品农业生产基地之一，进一步发展持续高效农业的潜力巨大。多年来，由于该区大陆性季风气候的变化特点，以及人类不符合生态规律的活动，诸如盲目开垦、过度放牧、过度樵采以及一些水利工程带来的负效应，导致土地盐碱化、土地沙漠化和草原退化的土地退化问题日益严重。学者对松嫩平原的资源、环境与可持续发展问题进行了多方面的深入研究（林年丰 等，1999；张殿发 等，1999；李凤全 等，2000；张殿发 等，2002），在土地沙化、盐碱化、草原退化的机理及成因方面的研究尤为深入，但是对该区的土地退化现状及动态，包括退化面积、程度和趋势的看法尚不一致。遥感技术因具有宏观、综合、动态、快速的特点而成为进行资源调查与开发、国土整治、生态环境监测以及全球变化研究的有效手段（刘红辉，2000）。在 RS 和 GIS 集成技术支持下，利用不同时相的 TM 数据，采用线性光谱混合模型方法能快速、有效地从 TM 卫星图像中提取土地盐碱化、土地沙漠化的信息，实现土地退化分级动态监测与遥感制图，进而准确地掌握土地利用/土地覆盖变化趋势，以及土地退化的数量、动态过程及空间分布规律（卢远 等，2003）。利用遥感信息，结合地理信息系统技术进行土地利用/土地覆盖的动态监测，掌握土地利用变化的数量、时空模式及变化趋势，探讨土地利用变化的驱动机制，对于土地资源的可持续利用和全球变化研究意义极为重大（王秀兰 等，1999）。

第二节 松嫩平原盐碱化草原现状

松嫩平原位于东经 120°45′～130°10′，北纬 42°50′～51°00′。地跨黑龙江、吉林两省，是东北平原的重要组成部分。松嫩平原是中国重要的粮食主产区和商品粮基地，同时也是中国最大的苏打盐碱地。在世界三大苏打盐碱地分布区中，松嫩平原生态退化速度最快，其中平原中部土地碱化率已接近 100%。

　　松嫩平原草地是我国著名的天然草场，又是东北西部绿色生态屏障，具有较高的经济价值和重要的生态意义。盐碱化草地在我国北方草原区有着广泛的分布，松嫩平原的盐碱化草地面积约为 $2.4×10^4\ km^2$，占松嫩平原草地面积的 2/3 以上。由于各种自然因素和人为因素，致使草地出现退化、沙化和盐碱化，尤其是草地盐碱化加重，生态环境日趋恶化。更为严重的是，在碱化草地中，已有 1/3 的草地碱斑大面积连片，失去了利用价值而沦为弃地。由于自然环境的变化（如气温升高、降水减少、风速加大等），特别是人类活动（如放牧、割草、不合理开垦和其他经济活动等）的加剧，草地盐碱化程度逐渐加重，盐碱化面积逐年扩大，目前每年仍以 1.5% 的速度递增。根据盐碱土壤含盐程度和碱斑占有面积，将盐碱化草地分为轻度、中度和重度盐碱化草地（表 1-1）。其中，轻度盐碱化草地占 31.69%，中度占 27.06%，重度占 41.25%。

表 1-1　松嫩平原盐碱化草地盐碱化程度分级

盐碱化草地类型	表层土壤（0～20 cm）的含盐量/%	pH 值	碱斑所占面积百分比/%
非盐碱化草地	<0.1	7.0～7.5	<15.0
轻度盐碱化草地	0.1～0.3	7.6～8.0	15.0～30.0
中度盐碱化草地	0.3～0.5	8.1～9.0	30.0～50.0
重度盐碱化草地	0.5～0.7	>9.0	50.0～70.0
盐碱地	>0.7	>9.0	>70.0

　　松嫩平原盐碱化草地包括吉林省西部、黑龙江省西部以及内蒙古自治区东部，占松嫩平原草地面积 2/3 以上，占全区土地总面积的 15.24%。松嫩平原盐碱化草地分布地区在行政上属于吉林省（白城市主城区、洮南市、镇赉县、通榆县、乾安县、大安县、前郭尔罗斯蒙古族自治县、扶余县、长岭县、双辽县、农安县）、内蒙古自治区［扎赉特旗、乌兰浩特市主城区、突泉县、科尔沁左翼中旗，共 29 个市（县、旗）］；黑龙江省［齐齐哈尔市主城区、甘南县、泰来县、富裕县、龙江县、兰西县等市（县），并以肇东市、肇州县、肇源县、安达市、大庆市主城区、杜尔伯特、林甸县、青冈县、明水县等市（县）最为集中］，其中重度盐碱化草地占 35% 左右。这些退化的盐碱化草地降低了草地生产力，造成了生态环

境的恶化。因此，治理盐碱化草地对保护草地资源及其持续发展和利用有着重要的意义。

一、自然地理条件

（一）地质及地貌特征

1.地质特征

东北地区在大地构造上处于我国天山—兴安地槽褶皱区的东端，东部华夏向构造体系的北段。远在古生代末有过剧烈的华力西褶皱运动，并有广泛、剧烈的花岗岩浆活动，因而广泛分布有粗粒结晶花岗岩山地和丘陵地。中生代期间又受到燕山运动的强烈影响，形成了华夏向的构造体系，奠定了东北地形的构造基础。新构造运动更发展了这一地貌格局，结合外力作用，便形成了今日山地排列、走向及三面环山、平原中开的地表结构。松嫩平原亦是在上述构造运动中形成、发展和演化而来的。

松嫩平原是由剥蚀堆积高平原与堆积低平原组成的。高平原为兴安山地和南部山地的山前冲积与洪积台地，北部讷谟尔河流域中下游和乌裕尔河流域中上游一带为克拜丘陵区，漫川漫岗，水土流失严重；南部呼兰河流域中下游和拉林河流域中下游一带地形呈微波状起伏，比较平坦。高平原沿河分布有高河漫滩和一级阶地，高平原海拔 180 ~ 450 m。低平原位于嫩江下游两岸，松花江上游北岸，地势平坦，地面比降约为 1/5 000，海拔 100 ~ 150 m。这一区域过去曾为闭流区，故排水极不通畅，在安达、肇源一带有许多封闭洼地和盐碱沼泽，伴有沙岗地，20 世纪 60 年代开挖了安肇新河和肇兰新河，初步开通了排水出路。

黑龙江省松嫩平原的植被、土壤的分布呈明显地带性规律，主要有黑土、黑钙土、盐碱土、风沙土、草甸土等土壤。盐碱土主要分布在安达、青冈、明水等县，是内陆型盐渍土，包括盐土、碱土。盐碱土含可溶性盐、碱、硝等有害物质，pH 值为 7.5 ~ 10.0。苏打盐碱土碳酸氢钠含量高，呈强碱性，不易改良。其中，重盐碱土形成碱斑，寸草不长，轻盐碱土多已成为天然牧场或草场。

2.地貌特征

松嫩平原为四周高、中部低，由周边向中部缓慢倾斜的半封闭、不对称的沉积盆地，区内大体可分为东部高平原区、中部低平原区、西部山前倾斜平原区及北部岗状平原区。东部高平原地形起伏较大，侵蚀切割强烈，其上分布有熔岩台地和零星的基岩残丘，地势由东、东北向平原倾斜，形成带状河谷平原与河间地。中部低平原占全区面积的1/2以上，地势低平开阔，岗地、洼地、湖泊星罗棋布，盐碱地、沼泽湿地发育，岗地一般高程140～155 m，洼地高程130～140 m，中部的大布苏湖底最低区高程120 m，南、西部及东南稍高，高程160～170 m，微向中、北部倾斜。西部和南部有较大面积的风成沙地，河流河曲发育，两侧有牛轭湖分布，低平原南部由于新构造运动隆起和现代风沙堆积，地势起伏较大。西部山前倾斜平原为大兴安岭东麓的山前地带，主要由台地状扇形地组成，地面高程143～153 m，水系发育，在向低平原过渡带形成沼泽湿地。第四纪地层覆盖全区，但厚度变化较大。松嫩平原由于构造运动，特别是新构造运动在不同地区活动强度有一定的差异，因此区内地貌形态及沉积物堆积厚度、剥蚀程度及组成等变化较大，根据其成因特点又分为堆积地貌、堆积剥蚀地貌和风蚀风积地貌。

（1）堆积地貌。

松嫩平原堆积地貌主要包括低平原、河谷平原、沙砾石扇形地三种亚类。堆积地貌类型为平原的主体，地势平坦，地面标高110～220 m，由南向北东逐渐降低，第四纪沉积物厚度50～140 m，发育有河流一级阶地。

（2）堆积剥蚀地貌。

堆积剥蚀地貌主要分布于平原的东部和大兴安岭东麓山前地带，地形高程160～250 m，地面呈波状起伏，冲沟发育，第四纪沉积物厚度为5～30 m，局部有白垩系地层出露。其主要包括沙砾石高平原和黄土状高平原两种亚类。

（3）风蚀风积地貌。

风蚀风积地貌主要分布于松嫩平原西部、西南部，包括沙垄、沙盖及沙、土垄间低地，地面标高140～200 m，由一系列固定、半固定沙丘组成，沙丘表面波状起伏，沙丘表面多已土壤化，自然植被发育，主要由全新世风积细沙组成，可见风蚀洼地。

（二）气候条件

松嫩平原属温带大陆性半湿润、半干旱季风气候。受冬夏季风环境的交替影响，四季气候变化明显，雨热同季，有利于农业发展。

1.四季气候特征

春季（3~5月）气温回升快，月平均温度普遍增高 18~20℃。多西南大风，风力≥8级（瞬间风速≥17.0 m/s)的大风日数占全年的 55%~70%。降水量较少，一般仅占年降水量的 10%~13%。蒸发量大，容易造成时间长短不一的春旱，西部有"十年九春旱"之说。

夏季（6~8月）温暖多雨。东南季风增强，降水量增多，达 270~417 mm，一般占年降水量的 65%左右，西部半干旱区达 70%以上。夏季温度较高，最热月 7 月平均气温大部分地区为 21~23℃，西南部超过 23℃，极端最高气温均在 36℃以上，这一时期雨热对作物生长有利。

秋季（9~10月）降温快，9 月平均气温为 12~15℃，至 10 月则降至 2.0~6.5℃。降水量开始下降，但降水稍多于春季，9、10 月降水一般占年降水量的 15%~18%，但降水变率较大，降水相对变率一般在 30%~40%。

冬季（11月至次年2月）日照时间短，气候严寒干燥。1 月为最冷月，平均气温为-16~-26℃，温度随纬度的增加而急剧降低，南部的通榆为-16℃左右，而北部的嫩江达-26℃，绝对最低气温均在-35℃以下，北部嫩江出现过-47.3℃的低温，温度梯度大。11 月至次年 2 月降水总量一般为 10~24 mm，仅占年降水量的 3%~4%。

2.农业气候资源

光照资源丰富：松嫩平原夏季日照时间长，太阳总辐射资源丰富。全区年总辐射量变化在 4 500~5 300 MJ/m²，在分布上，自北向南、从东到西增大。光合有效辐射为 2 200~2 600 MJ/m²。日照条件好，全区年日照时数多为 2 600~2 900 h，年日照百分率为 59%~66%，生长季各月日照百分率为 50%~60%。

热量条件较好：全区年平均气温为 0~5℃，受太阳辐射的影响，气温随纬度的增加而降低。春季增温快，稳定通过 10℃（喜温作物生长，主要大田作物播种或出苗）的初日在 4 月 30 日至 5 月 17 日。秋季降温快，终日在 9 月 17 日至 9 月 30 日。≥10℃活动积温多在 2 200～3 300℃，自南向北递减。积温的年际变化较大，对作物品种布局和产量均有较大影响。全区各地 80%保证率的积温值，中部和南部为 2 600～2 800℃，北部多在 2 400～2 500℃。全区无霜日数变化在 115～160 d 之间，初霜一般出现在 9 月中下旬，终霜一般出现在 5 月上中旬。≥10℃的持续日数北部嫩江、北安为 124 d，南部的长春、通榆达 153 d。

降水量自东向西减少，属半湿润半干旱地区：松嫩平原年降水量多为 400～600 mm，自东向西减少。降水量季节分配不均，4～9 月生长季降水量占年降水量的 80%以上，西部可达 90%左右。降水的年际变化也较大，最多年降水量相当于最少年降水量的 2～3 倍。松嫩平原干燥度自东向西增大，西部齐齐哈尔、杜尔伯特、肇源、泰来一带及大安、长岭一线以西，干燥度为 1.18～1.45，属半干旱气候；中东部各地的干燥度在 0.9～1.2，属半湿润气候。

3.不利气候条件

（1）低温冷害和霜冻害。

低温冷害是松嫩平原的主要气象灾害，一旦发生，则受害面积大，减产幅度也较大。一般冷害年的发生频率为 15%～30%，严重冷害年的发生频率为 5%～20%，障碍型冷害发生频率为 5%～20%。

霜冻害是指在一年中的春、秋两季，因北方冷空气的侵袭或强烈的地面辐射作用，使土壤表面或作物表面温度下降到作物可抵抗的最低温度以下，使植株受到冷冻伤害的现象。松嫩平原秋季最低气温 2℃的初霜冻日一般出现在 9 月 15 日至 10 月 1 日；春季终霜冻日一般出现在 5 月 5 日至 5 月 20 日，80%保证率的日期比平均日期提前 5 d 左右。

（2）旱、涝灾害。

旱、涝灾害是大气降水和环境条件、作物条件共同作用的结果。松嫩平原春季降水少，气候干燥，风力大，蒸发强烈，易发生春旱，尤其是西部；夏秋季虽雨水较多，但较不稳定，有的年份也出现较长时间的干燥少雨，严重影响作物的抽穗开花和灌浆成熟，造成夏秋旱。涝害多发生在汛期的 7 月中旬至 8 月下旬，短期大暴雨和连阴雨均可形成涝害。

（3）大风及冰雹灾害。

松嫩平原一年四季都有大风发生，以春季为最多，春季西南大风持续时间一般为 2～3 d，夏季大风加重干旱和土地沙漠化；冰雹是局地范围的天气现象，持续时间短，危害范围虽小，但破坏性大，常导致作物毁种或绝收，对叶类作物及蔬菜危害更大。松嫩平原多年平均降雹日数在 1～3 d（次）。

（三）水文条件

松嫩平原位于黑龙江省西南部，南以松辽分水岭为界，北与小兴安岭山脉相连，东西两面分别与东部山地和大兴安岭接壤，整个平原略呈菱形。松嫩平原与辽河平原由位于长春市附近的侵蚀低丘——松花江、辽河的分水岭隔开，又合称为松辽平原，是东北平原的主体。松嫩平原在地质构造上是一个凹陷地区，属于松辽断陷带的一部分。凹陷区的西南部现在还在继续下沉，东北部则有上升现象。由于特定的自然地理条件限制，地域差异很大，下垫面条件复杂，且由于时空分布不均，具有年内、年际变化差异很大等特点，丰枯水量悬殊，开发利用水资源的难度很大。

1.河流

松嫩平原主要河流有松花江干流及其支流嫩江、第二松花江、拉林河、洮儿河等。松花江在扶余县三岔河附近接纳嫩江和第二松花江后向东北方向流去，之后又有拉林河和洮儿河等注入。

嫩江是松花江干流的北源，发源于大兴安岭伊勒呼里山。嫩江自北向南流，经内蒙古东北部、黑龙江省西部，至吉林省镇赉县后转向东流，在三岔河附近与第二松花江汇合后，成为松花江干流。嫩江干流全长 1 379 km，流域面积 28.3 万 km^2，多年平均径流量为 249.9 亿 m^3。松嫩平原主要包括嫩江中下游地区。

第二松花江是松花江的南源，发源于吉林省的长白山天池。由河源至三岔河口全长 998 km，集水面积 7.37 万 km^2，大体分为 4 段。流域面积广阔，支流众多，多年平均径流量为 152.23 亿 m^3。松嫩平原主要包括第二松花江下游地区。

呼兰河是松花江干流左岸一大支流，发源于小兴安岭西侧铁力县的炉吹山，在距哈尔滨市东北 4 km 处呼兰区的张家店附近注入松花江。河流全长 523 km，流域面积 3.10 万 km²，多年平均径流量为 42.2 亿 m³，年径流深 136.2 mm。松嫩平原包括呼兰河的中、下游地区。

拉林河是松花江右岸的大支流，发源于黑龙江省五常市张广才岭西麓白石砬子山，由东南向西北流至哈尔滨市双城区万隆附近入松花江，河流全长 448 km，流域面积 2.18 万 km²，多年平均径流量为 33.7 亿 m³，年径流深 175.4 mm，河水含沙量小。

洮儿河是嫩江下游一大支流，发源于内蒙古科尔沁右翼前旗大兴安岭的高岳山，由十余条大小不一的河汇集而成，在吉林省大安市注入月亮泡后，再流入嫩江，河流全长 534 km，流域面积 3.08 万 km²，多年平均径流量为 12.9 亿 m³。松嫩平原只包括洮儿河中、下游地区。

乌裕尔河是嫩江左岸一条具有无尾河特点的支流。它发源于小兴安岭西坡，河流全长为 576 km，流域面积 2.31 万 km²，河道平均坡降为 0.46‰，多年平均径流量为 6.52 亿 m³。

霍林河是嫩江的支流，发源于内蒙古扎鲁特旗大兴安岭山脉的德鲁特勒罕北麓，自西向东，流经科尔沁右翼中旗、通榆，入查干湖，再注入嫩江。河流全长 590 km，流域面积 2.78 万 km²，多年平均径流量 0.0076 亿 m³。松嫩平原包括霍林河中、下游河段。

2.湖泊

松嫩平原的湖泊主要分布在嫩江中下游和第二松花江下游沿岸平原地带，天然湖泊数量多、湖水水面小，6.6 hm² 以上的湖泊约 7 397 个，总面积 4 176 km²。主要分布在齐齐哈尔市（主城区）、杜尔伯特蒙古族自治县、肇源县、泰来县、镇赉县、大安市、前郭尔罗斯蒙古族自治县以及通榆、乾安县境内，占全区湖泊总面积的 85%。由于松嫩平原构造运动的差异性及河道变迁，在低平原区形成了成群的湖泊。本区湖泊的分布具有明显的规律性。第一，湖泊群多平行于现代河流，呈带状或沿古河曲带分布；第二，与沙垄平行，呈沙垄与垄间湖泊相间分布（或坨甸相间）；第三，内陆地区湖泊呈浑圆形、星点状分布。按湖泊的水文特征划分为内陆型湖泊和外流型湖泊。按湖泊的成因分为河成湖、风成湖、残迹湖和堰塞湖。

松嫩平原湖泊的水源补给主要是地表径流和地下水，从部分湖泊的化学性质分析中可以看出。其中与地表径流有直接联系的湖泊如月亮泡，湖水矿化度相对较低，为 0.2 ~ 0.5 g/L，pH 值 7.3 ~ 8.2，水化学类型多为 HCO_3–$Ca\cdot Mg$ 型，为淡水湖泊。与季节性地表径流有联系或风蚀洼地形成的湖泊如大布苏湖，湖水矿化度高达 20 g/L，pH 值大于 9，水化学类型为 HCO_3–Na 或 HCO_3–$Na\cdot Ca$ 型，为盐碱湖泊。由于低平原区蒸发量大，降水量小且集中，在蒸发浓缩条件下，水中 Na^+ 含量相对增加，碱性程度增大，因此低平原区的湖泊成为各种盐分离子的富集区。

3.地下水类型与水文地质条件

松嫩平原地下水的形成、赋存和分布，受区域地貌条件和地质构造条件的制约。白垩纪形成的沙砾岩，第三纪形成的弱胶结沙岩、沙砾岩和第四纪形成的沙砾石层，构成了松嫩平原良好的贮水构造。由于松嫩平原新生代地层是由多次旋回形成的，因此平原大部分地区具有上下叠置的多个含水层结构特点。

松嫩平原含水层的分布与变化规律基本上与该区地貌单元一致。松嫩平原受新构造运动继承性活动的影响，现代地貌形态基本反映了基底的轮廓，形成了现代松嫩平原地貌与地质构造东西不对称的特点，中部低平原在地貌与地质结构上具有盆地特征，有利于地下水的富集和贮存，西部山前倾斜平原也形成了沙砾石扇地、沙砾石台地等，是利于蓄水的地层和构造，而东部山前台地平原则缺乏贮水层位，不利于地下水富集。

松嫩平原潜水的地球化学特征，由于受地形、地层岩性、气候、水文、土壤和植被等综合自然因素的影响，不仅形成复杂的化学类型，而且由平原周边向低平原区形成一定的分带性。表现为从平原周围向低平原，矿化度由小于 1 g/L（淡水）—1 ~ 2 g/L（微咸水）—3 ~ 4 g/L（咸水）；Na^+、HCO_3^-、Cl^-、SO_4^{2-} 等离子含量向低平原增高；水化学类型由 HCO_3–Ca、HCO_3–$Ca\cdot Na$ 型过渡为 HCO_3–$Na\cdot Ca$、HCO_3–$Na\cdot Mg$ 型，在低平原出现 $HCO_3\cdot Cl$–$Na\cdot Mg$、HCO_3–Na 型水。潜水区各阴离子中 HCO_3^- 占优势，一般为 0.27 ~ 1.26 g/L，Cl^- 和 SO_4^{2-} 含量较低，在低平原闭流区阳离子中 Na^+ 占显著优势，一般为 0.10 ~ 0.93 g/L，Ca^{2+}、Mg^{2+} 含量相对较少。

松嫩平原承压水的地球化学特征受自然因素影响较小，主要受补给区和汇水区水文地质条件的影响。与上部潜水相比，除可溶性 SiO_2 及游离 CO_2 高于潜水外，其他盐分离子均低于潜水。承压水的矿化度均低于 0.5 g/L，以 HCO_3–Ca 型水为主，沿霍林河一带 Cl^- 离子含量增高，出现 $HCO_3 \cdot Cl$–Na 型水。全区承压水由周围山地、台地向平原中部也出现一定的分异性，依次出现 HCO_3–Ca，HCO_3–Na·Ca 或 HCO_3–Na·Mg，HCO_3–Na 或 $HCO_3 \cdot Cl$–Na·Ca，$HCO_3 \cdot Cl$–Na 型水；矿化度由 0.25 ~ 0.35 g/L 变为 0.23 ~ 0.59 g/L；在化学成分上表现为各种盐分离子含量明显增加。

（四）水资源

江河水域是水资源合理开发利用的源泉。松嫩平原与黑龙江省、吉林省的其他地区相比，水资源短缺十分突出；由于受特定条件限制，水资源的地域差异很大；虽然流域内过境水资源丰富，但缺乏控制性工程，利用率低；水量时空分布不均，年内、年际变化大，丰枯水量悬殊，开发水资源难度很大。因此，可用的水资源相当贫乏，给水利建设布局与调蓄等水利工程增加许多难度。

1.水资源类型

根据多年平均径流深（R），可将水资源划分为 4 种类型：①$R \geq 200$ mm 为余水区；②150 mm $< R <$ 200 mm 为足水区；③100 mm $< R <$ 150 mm 为少水区；④$R \leq 100$ mm 为缺水区。

松嫩平原全区年平均径流深为 116.9 mm，介于 100 ~ 150 mm 之间，为少水区。其中，松花江干流平均径流深为 163.5 mm，属足水区；松花江流域平均径流深为 136.7 mm，为少水区；支流呼兰河平均径流深为 136.2 mm，为少水区；支流拉林河平均径流深为 175.4 mm，为足水区。嫩江干流平均径流深为 70.3 mm，属缺水区；嫩江流域平均径流深为 80.0 mm，亦为缺水区；嫩江支流讷谟尔河平均径流深为 155.8 mm，为足水区；支流乌裕尔河平均径流深为 87.8 mm，为缺水区。第二松花江流域平均径流深为 228.54 mm，属余水区（松嫩平原仅包括该流域下游河段）。另外，大庆市地区为闭流区，平均径流深 $\leq$ 20 mm，为严重缺水区。

2.水资源数量及分布

松嫩平原黑龙江省部分统计，流域水资源总量为 463.60 亿 m³，其中地表水为 376.27 亿 m³，地下水为 188.23 亿 m³，重复水量 100.9 亿 m³。按流域分布理论计算，全区可开发水量为 452.2 亿 m³，其中地表水可用量为 376.27 亿 m³（主要集中在山区）。由于丰枯水量相差 4.8 倍，保证率 50%，平水年水量为 355.50 亿 m³，保证率 95%，枯水年水量仅为 162.8 亿 m³。地下水扣除重复利用量 9.57 亿 m³，以及开采条件限制，可开采量仅为 75.8 亿 m³，并且多集中在平原区，大部分开采利用部位多为浅层地下潜水。

3.水资源的特点

（1）全区降水与河川径流量的年际变化较大。降水量的丰枯年之比为 1～2，有的达 3～4；河川径流量的丰枯年之比也在 1.0～3.7，最大达 40。因此，洪灾、旱灾频繁发生。

（2）松嫩平原水系不发育，特别是平原中部，如大庆市附近是地表径流贫乏的闭流区；西南部的白城地区，由于上游水库修建，大量截流地表水，加重了本区水资源的缺乏，减少了对地下水的补给。

（3）地下水是全区主要供给水源，有潜水、弱承压水和承压水，地下水资源的利用率很低。

（4）松嫩平原虽然过境水资源丰富，但地表水贫乏，水资源总量不足，特别是松嫩平原西南部水资源十分缺乏。

（五）土壤特征

1.土壤类型与分布

松嫩平原的土壤类型主要有黑土、黑钙土、暗棕壤、草甸土、沼泽土、盐土、碱土、风沙土、栗钙土和水稻土等。哈尔滨市东部还有较大面积的白浆土分布。黑土和黑钙土是本区的地带性土壤。黑土分布在平原的北部和东部，处于由山地向平原过渡的波状起伏的台地平原上。黑土区靠近山区且坡度较大的部位分布有暗棕壤，黑土区由台地向低平地依次为草甸黑土、草甸土、沼泽土。黑钙土分布在平原中部，在地形低平部位，盐渍化草甸土占很大部分，而且与盐土、碱土呈复区分布，低洼处为盐碱沼泽。风沙土则呈丘状占据较高的部位。栗钙土分布在西部靠近内蒙古一带，面积较小。

根据松嫩平原地区各市县土壤类型及其面积统计，全区以草甸土、黑钙土、黑土为最多，分别占全区总土壤面积的 24.25%、20.40% 和 19.03%。黑龙江省 70.28% 的黑土，50.1% 的草甸土，以及全部的盐土、碱土、风沙土、栗钙土和黑钙土分布在松嫩平原。吉林省 86.9% 的黑土，78.0% 的草甸土，91.5% 的黑钙土，82.7% 的风沙土以及 98% 以上的盐土、碱土分布在松嫩平原。在耕地土壤中，黑龙江省和吉林省内的松嫩平原均以黑土、黑钙土和草甸土为最多。

2.土壤特征

（1）黑土。

黑土是我国最肥沃的土壤，在松嫩平原山前台地平原自嫩江、北安到公主岭呈带状分布，总面积 429.09 万 hm^2。黑土是腐殖质积聚与还原淋溶共同作用的结果。黑土的地下水位多比较深。在自然植被条件下，表土由草根盘结层及腐殖质层所构成，厚度多在 25 ~ 60 cm，呈暗灰色，向下逐渐过渡为棕色的沉积层，再向下过渡为黄棕色的黏性母质层，母质层深度多在 1 m 以下。

黑土质地黏重，一般为重壤土和轻黏土，物理性黏粒含量多为 5% ~ 7%，其中黏粒含量 30% ~ 40%；黑土结构良好，腐殖质层中多为粒状及团粒状结构，结构疏松多孔；黑土水分性质较好，容重一般为 1.0 ~ 1.5 g/cm^3，耕层容重较低，向下逐渐增大。总孔隙度在 50% 左右，毛管孔隙度 30% ~ 40%，通气孔隙度偏小；黑土持水能力较强，具有很大的蓄水保水能力，当土壤含水量为田间持水量时，1 m 土层持水总量达 340 ~ 400 mm；黑土养分丰富，有机质含量较高，耕层有机质含量一般在 20 ~ 65 g/kg，全氮含量在 1 ~ 3 g/kg，全钾含量一般在 20 g/kg 以上，磷素含量略低。

（2）黑钙土。

黑钙土分布在松嫩平原黑土带和栗钙土带之间的广大区域。集中分布在齐齐哈尔、绥化、大庆、松原、白城等市县，总面积 459.84 万 hm²。黑钙土质地因成土母质的不同而有明显差异，发育于黄土状母质上的黑钙土，质地一般比较黏重，多为壤质黏土和黏土。发育于冲积洪积物成土母质上的黑钙土，质地偏沙性；黑钙土钙积层和犁底层容重较大，孔隙度较小。黑土层容重一般为 1.20～1.25 g/cm³；黑钙土全剖面呈碱性，含 $CaCO_3$，并有石灰反应。淡黑钙土的 $CaCO_3$ 聚集在钙积层（淀积层），含量高达 20%；黑钙土盐基交换量一般在 15～30 me/100g 土，交换性盐基中以钙为主，占交换性盐基总量的 80%～90%，交换性镁、钠较少，但盐化黑钙土交换性钠含量高，有的可占交换性盐基总量的 70%；黑钙土表层有机质含量一般为 15～40 g/kg，淡黑钙土和盐化黑钙土偏低，淋溶黑钙土、石灰性黑钙土和草甸黑钙土较高。

（3）草甸土。

松嫩平原全区草甸土面积 546.81 万 hm²。松嫩平原草甸土主要包括草甸土、石灰性草甸土、盐化草甸土、碱化草甸土四个亚类。

草甸土土壤质地多为黏壤土至壤质黏土之间。江河两岸的土壤质地变化较大，因水流分选作用，有沙有黏，甚至出现沙黏间层，故各地草甸土的肥力差异很大。土壤含水量一般较高，易渍涝、地温偏低。壤质草甸土水热状况适宜；草甸土的酸碱度与交换性能因亚类不同而差异很大。草甸土亚类 pH 值一般在 6.5～7.5，盐基交换量多在 15～25 me/100g 土；石灰性草甸土 pH 值在 8.0～9.0，土壤中含有较多的碳酸钙，并有轻度碱化现象，盐基交换量多为 10～20 me/100g 土；盐化草甸土 pH 值多在 8.5～9.5，盐基交换量多在 10～15 me/100g 土。松嫩平原盐化草甸土主要成分是苏打，可溶性盐含量为 0.1%～0.5%。交换性钠变幅较大，表层有不同程度碱化特征。交换性钠占交换性盐基总量的 20% 以上，碱化度在 30% 以上者，可称碱化草甸土；草甸土各亚类的有机质和养分含量大体是草甸土＞石灰性草甸土＞盐化草甸土。表层有机质含量草甸土亚类一般为 30～40 g/kg，石灰性草甸土一般为 20～30 g/kg，盐化草甸土一般为 15～20 g/kg；全氮含量草甸土一般为 1.6～2.0 g/kg，石灰性草甸土一般为 1.3～2.0 g/kg，盐化草甸土平均为 1.1 g/kg。

（4）盐碱土。

松嫩平原的盐碱土是在半湿润半干旱气候条件下形成的内陆型盐碱土，含盐土和碱土两个土类。盐土是指 0～50 cm 土体内，含以苏打为主的可溶性盐达 0.7% 以上，或含以硫酸盐及氧化物为主的可溶性盐超过 1.0% 的土壤；碱土是指 0～

50 cm 土体内具有碱化度大于 45% 的柱状结构碱化层的土壤。全区盐土总面积 18.44 万 hm²，碱土总面积 42.27 万 hm²。黑龙江省的盐土与碱土均分布在松嫩平原区域，吉林省盐土的 98.9% 与碱土的 99.2% 分布在松嫩平原。按发生学特征，盐土可划分为草甸盐土、碱化盐土及沼泽盐土，但以草甸盐土为主。碱土仅有草甸碱土一个亚类。

盐碱土常与地带性土壤黑钙土毗邻分布，或与非地带性土壤草甸土、沼泽土等呈复区分布，因而也形成过渡性土壤，如盐化黑钙土、盐化草甸土、盐化沼泽土等。

（5）风沙土。

风沙土是一种地带性不明显的幼年土壤，分布在河湖漫滩、冲积平地和沙丘沙岗上，集中于嫩江、第二松花江及其支流两岸的河湖漫滩和低平阶地。松嫩平原全区风沙土面积 121.96 万 hm²。沙丘、沙垄之间形成广大闭流区及许多平行分布的丘间低平地，所以风沙土多与区内的黑钙土、盐土、碱土及盐化草甸土呈条带状相间分布，过渡明显。

风沙土中沙粒（粒径 0.02～2.00 mm）含量高达 69.0%～94.5%，粒径 0.002 mm 的黏粒含量在 5.5%～17.5%。随着风沙土固定程度的增加，沙粒含量减少，粉沙及黏粒含量逐渐增高；风沙土中矿物组成以 SiO_2 的含量最高，容重大。土壤中 SiO_2 含量为 68%～76%，其次为 Al_2O_3，含量为 12%～14%。土壤容重大，为 1.36～1.48 g/cm³；风沙土呈碱性，养分含量较低，pH 值多为 7.5～8.5。有机质、全氮、全磷的含量都很低，而全钾的含量较高。表层有机质含量多为 10～15 g/kg，全氮含量 0.5～1.0 g/kg，碱解氮 40～90 mg/kg，速效磷平均 2.0 mg/kg，速效钾平均 84 mg/kg。

（六）植被类型

松嫩平原四周群山环抱，平原中心部位地势低平，湖泊盐碱化洼地大面积分布。因此，松嫩平原以草本植被为主要类型。非地带性植被面积较大，并有较多的盐生植物群落。除平原外围有环形分布的林地外，区内无林（人工杨树林除外），仅有少量呈岛状分布的榆树疏林。依据群落的组成成分、外貌、结构与生境的关系，以及与土地生产效能相结合等原则，将松嫩平原的植被划分为几个主要植被型，即森林、灌丛、草原、草甸、沼泽和草塘。

1.森林植被

该类型主要分布在松嫩平原外围的大兴安岭、小兴安岭、张广才岭和吉林哈达岭山前台地，略呈半环形，是森林区域与草原区域的过渡区，也是岛状森林与草甸草原并存的地域。在松嫩平原北部山前波状丘陵台地为黑桦–蒙古栎林；西部和东部山前丘陵台地为蒙古栎林；在平原区的沙丘和较高部位的沙地上分布着榆树疏林。

（1）黑桦–蒙古栎林。

分布在嫩江、讷河、依安和明水、青冈、绥化、呼兰一线以东的小兴安岭南麓。土壤为山地粗质暗棕壤、草甸暗棕壤。组成该植被的主要区系成分是东西伯利亚、蒙古和东北植物区系，为森林向草原的过渡地区。

（2）蒙古栎林。

该类型主要分布在两个地区，即松嫩平原西部山前丘陵台地和松嫩平原东部山前丘陵台地。松嫩平原西部的蒙古栎林呈岛状分布，并有块状的榛子和胡枝子灌丛的断续分布。草本植物主要有羊草、贝加尔针茅、线叶菊、糙隐子草、硬质早熟禾等。松嫩平原东部的蒙古栎林主要分布在大青山和大黑山西部，北至松花江，南至松辽分水岭。有的蒙古栎林混有黑桦林。灌木主要有胡枝子、榛子。局部环境条件的差异导致植物组成不尽相同，有的地方草甸植物多一些，有的地方则草原植物占优势。

（3）榆树疏林。

该类型分布在平原内部的沙丘上，主要是由白榆和黄榆形成的矮曲疏林。树干弯曲，树冠平展，呈公园式景观。草本植物稀疏，由耐干旱草本组成，如大针茅、线叶菊、驼绒蒿、沙蓬、硬质早熟禾等。

2.灌丛植被

松嫩平原灌丛植被有两种类型，即山杏灌丛和叶底珠灌丛。

（1）山杏灌丛。

山杏灌丛分布在松嫩平原波状平原垄岗部位或小丘上部。暗栗钙土，偏干旱。此类灌丛有灌木和草本两层。灌木以山杏为单优势种，伴生有多种胡枝子。草本植物层较发育，组成种多为喜光、耐旱的种类，甚至还有一些草原植物种类，如线叶菊、贝加尔针茅、野古草、火绒草等。

（2）叶底珠灌丛。

叶底珠灌丛分布在固定沙丘的顶部。地表干燥，沙地原始黑钙土。组成灌丛的植物主要有叶底珠、大针茅、野古草、麻花头、茵陈蒿等。

3.草地植被

松嫩平原的草原和草甸两种植被型归并为草地植被。将松嫩平原的草地植物划分成碱蓬、野大麦、海滨天东、羊草、水苏、三棱草、拂子茅、鸡儿肠、大油芒、羊茅、贝加尔针茅、细叶葱、轮叶委陵菜、百里香、大针茅、蚤缀、沙天冬、火绒草、甘草和狗尾草 20 个生态种组。利用生态种组可以分析和阐明植物的组合规律及其与生态环境的关系，以此来划分松嫩平原草地植被不同群落的类型并对其特性进行评价。松嫩平原草地植物群落分异主要受地形和土壤所制约，因此，对松嫩平原的草地植被采用 3 级分类单位，即群丛—群属—群目。全区草地植被有 4 个群目、10 个群属、34 个群丛。

4.沼泽植被

松嫩平原在嫩江下游和松花江、嫩江汇合处，地势低平，湖泡洼地多，一些河流如乌裕尔河、霍林河的下游无正规河道，汛期河水漫散流向平原低地，由此形成大面积沼泽。在平原区的牛轭湖、古河道、泡沼周围亦有沼泽的发育。沼泽植被为草本沼泽亚型，依据植物群落的结构和植物种类组成，划分莎草沼泽、禾草沼泽和杂类草沼泽 3 个群系组，以及 7 个群系。

5.草塘植被

草塘是指由水生植物所组成的植被型。依据生活型的不同可以分为沉水型、浮叶型、漂浮型和挺水型草塘。

（1）沉水型草塘。

沉水型草塘包括穗状狐尾藻、龙须眼子菜草塘，多分布在静水的湖泡中，建群种为穗状狐尾藻和龙须眼子菜；角果藻草塘建群种为角果藻，伴生有穿叶眼子菜；殖草草塘分布在平原区内的水库和泡沼内。

（2）浮叶型草塘。

浮叶型草塘包括耳菱、荇菜草塘，群落的优势种以浮叶型植物荇菜为主，其次为耳菱；芡实草塘多为人工引种后逸为野生所形成的，其组成特点常为单一种类优势，种类不甚丰富。

（3）漂浮型草塘。

漂浮型草塘包括槐叶萍、浮萍草塘，该群落以漂浮植物为优势种，即槐叶萍和浮萍。此外伴生有紫萍、品藻等及金鱼藻、轮叶狐尾藻和狸藻。挺水植物伴生有狭叶香蒲、荆三棱、水木贼等。

（4）挺水型草塘。

挺水型草塘包括狭叶香蒲、芦苇草塘，此类草塘的建群种为芦苇，其次是狭叶香蒲；菰草为群落的单优势种。伴生植物有金鱼藻、竹叶眼子菜、穗状狐尾藻、大茨藻、黑藻等。

二、土壤盐碱化演变过程

盐渍土是各种盐土和碱土以及其他不同程度盐化和碱化的各种类型土壤的统称。盐渍土的诸多成土过程中，土壤盐渍化过程起着主导或显著的作用。各种类型盐渍土的共同特性就是土体中含有显著的盐碱成分，具有不良的物理、化学性质，致使大多数植物的生长受到不同程度的抑制，甚至不能生长成活。当土壤表层或亚表层中水溶性盐类累积量超过0.1%，或土壤碱化层的碱化度超过5%，就属于盐渍土范畴。盐渍化土壤是在一定的环境条件下形成和发育的，在众多的环境因素中，又以气候、地貌、地质、水文和生物因素的影响最为显著。干旱气候，地势相对低平，地表和地下径流滞缓或汇集，地下水位接近地表，是产生土壤现代积盐过程的主要原因。另外，人类活动也会从正反两个方面对土壤盐渍化产生巨大的影响。

（一）气候条件与土壤盐渍化

松嫩平原地处半湿润半干旱中温带大陆性季风气候区。由于受大气环流和长白山脉屏障的影响，该区呈现典型的大陆性季风气候特征。该区冬季漫长寒冷；

夏季炎热，降水集中；春季多大风少雨，地面蒸发强烈。该区年降水量多在 400～600 mm，降水自东向西逐渐降低，年蒸发量在 1 600～1 923 mm，干燥度为 1.10～1.45。松嫩平原盐渍土的主要分布区的蒸发与降水之比皆大于 1，即满足于现代盐渍化土壤成土过程所需的蒸发量大于降水量这一完全必要的成土条件。

松嫩平原纬度偏高，冬季寒冷而漫长，全年结冰期 180～200 d，属季节性冻土区。土壤冻结从 11 月初开始，至翌年 6 月中旬才能全部融通，冻结期长达 7 个月，最大冻土深度在 1.60～2.82 m。在该区的冬季，伴随着土壤冻结过程，土壤有一个隐蔽的盐分累积过程。在冻结初期，冻结使土壤冻结层与冻层以下土层出现温差，引起土壤毛细管水表面张力产生差异，土壤水分向冻层移动，盐分也随之上移，并在冻层中累积。由于地下水不断借土壤毛细管作用上升补给，这种水盐向冻层移动的趋势伴随着冻层逐渐加深而逐步向下发展，从而使盐分累积于冻层。在冬春之交，气温逐渐升高，冻层自上而下开始融化。在上融下冻情况下，形成临时滞水层。这时恰逢该区干旱季节，地表蒸发强烈，使累积于冻层中的水分向上运移，盐分也随之向地表聚积，这种积盐过程要持续到冻层融通为止。松嫩平原土壤盐分被淋洗的时间很短，主要集中在 7～9 月，而且淋溶时间是间断的。如果不考虑土壤隐蔽积盐过程，且单以一个完整年（1～12 月）分析，松嫩平原土壤盐分累积过程是间断的。但如果跨年度分析，并把隐蔽积盐过程作为土壤盐渍化的一个重要组成部分，就可以发现土壤盐分累积是相对连续的，即在秋、冬、春三个季节连续积盐，全年土壤积盐时间超过 9 个月，只是在多雨的夏季，土壤表层的盐分才在某一时间段受到一定程度的淋洗。而该区地势平坦，地表水和地下水出流不畅，即使在降水集中的夏季，由于地表径流滞缓，常常造成渍涝。此时，地下水普遍抬升，在地下水的顶托之下，土壤盐分向下移动也是十分有限的，水盐运动方向以侧向为主。另外，在松嫩平原的很多地区，由于苏打盐渍化，使土壤表层或亚表层严重碱化，并形成一定厚度的隔水层，不但使下降水流难以产生，而且几乎完全阻塞了水流（尤其是重力水）的向下通道，隔断了表层盐分向下运动。综上分析，可以看出松嫩平原土壤积盐的相对连续性、冬季土壤隐蔽性积盐及垂直脱盐微弱的性质，是松嫩平原土壤盐渍化过程的特殊之处，这可能也是该区土壤盐渍化速度非常快的原因之一。

（二）地貌与土壤盐渍化

地貌是影响土壤盐渍化的主要因素之一。高低起伏不平的地势，直接影响地表径流和地下径流的运动，进而影响土体中盐分的运动。松嫩平原从早更新世晚期一直到中更新世晚期曾经是一个大湖盆。晚更新世以来，松辽分水岭缓慢抬升，松辽大湖缩小，河流发育，至晚更新世晚期整个松辽大湖基本消亡，代之以河流水系。在湖泊消亡的过程中，由于不均匀的构造运动，形成了不同的内陆闭流湖盆，如现今仍存在的大布苏湖和波罗泡等。虽然松嫩平原四周山地的地表径流可以汇入这些闭流湖盆中，但在半湿润半干旱气候条件下，水分的蒸发输出量远大于地表径流、地下径流和降水的输入量，湖水盐分被浓缩，现在这些闭流湖泊多为微咸水湖或咸水湖。在这些闭流湖泊的周围，土壤大多盐渍化。例如，大布苏湖中水的含盐量高达 46.8 g/L，湖泊周围聚集了大量的盐分，分布有大面积的盐土和碱土。

该区的地壳运动是以沉降为主，但在晚更新世以来则处于相对的上升阶段（部分地段仍在下沉）。随着升降运动，若干河流，如嫩江、洮儿河、霍林河等不断改道，造成地表微起伏。嫩江、洮儿河、霍林河等河流的古河道恰是松嫩平原盐渍土的主要分布区。

发源于小兴安岭的乌裕尔河、双阳河和发源于大兴安岭的霍林河等，进入松嫩平原后变成无尾河，散流成无数的湖泊和沼泽湿地。由于自然环境变化和人为因素的影响，一些湖泊和沼泽湿地逐渐缩小，甚至干涸，地面留下很多相对高差很小、面积各异、形态不规整的浅碟形洼地和小丘。而无尾河下游这些浅碟形洼地和周边地区，常是土壤盐渍化程度比较重的地区。

松嫩平原地貌演变与平原的沉积物类型有着密切的关系。河湖相沉积物是该区分布最为广泛的沉积物类型。当河流从山区进入低平原地区之后，大量的泥沙开始沉积，在泥沙的堆积作用下，湖底逐渐变浅，湖泊日益缩小，故松嫩河湖冲积平原地形较为平坦。

由于松嫩平原是在凹陷盆地的基础上，经河流屡次改道和地面洪水携带的沉积物按"急沙慢淤、不急不慢成两合"的沉积规律交互堆积而成的，因而具有大地貌平坦，中小地貌岗、坡、洼起伏不平的平原堆积地貌特点，以及与此相对应的岗地多沙质、倾斜低平地多壤质和浅平低洼地多黏质的沉积物分布规律。这一大地貌特点必然导致地面径流和地下径流流动滞缓和排泄不畅，从而形成水盐汇聚的不良水文地质条件。而岗、坡、洼中小地貌又对水盐在不同地貌部位的重新分配起着重要作用。松嫩平原上的苏打草甸盐土、苏打草甸碱土、苏打盐化草甸土和苏打盐化沼泽土在地貌部位上的分布具有一定的规律性。苏打草甸碱土多分布在低平地的相对较高的地貌部位上，而苏打草甸盐土的分布部位比较低，苏打盐化沼泽土则更低。松嫩平原微倾斜平地及洼地是水盐汇集之地，微地貌的高低差异引起水盐的不均衡运动，使微倾斜平地和洼地的不同部位的积盐程度有很大差别，这种差别在较薄的土层内可以相差几倍到十几倍。

在松嫩低平原，地面比降多在 1/5 000 ~ 1/8 000，在这平坦的低平原上，普遍存在高低不平的微地貌。这些微小地貌高差多在几厘米至几十厘米之间，面积大小不等，呈不规则的浅碟形。浅碟形低洼地相互环绕、衔接、镶嵌。碟形洼地积水一方面通过下渗补给地下水，抬高其水位，引起周围土壤盐渍化；另一方面可直接通过土壤毛管水的侧向运动，将盐分溶解并带到积水洼地的周缘而聚集于地表，有时这种影响可能还先于或大于地下水的影响。由于出流不畅，松嫩低平原地表径流和地下径流主要靠地表蒸发和作物蒸腾的损耗来均衡，使地表径流和地下径流的矿化度逐渐增高。在松嫩低平原，有许多以低洼地为中心的水盐汇集区。在雨季，地表径流汇集到低洼地。一方面积水下渗抬高地下水位，将洼地中原矿化度较高的地下水压到较深的层位，并在其上形成淡化水层；另一方面，碟形洼地中的积水虽经蒸发耗损，但矿化度依然较低。由于在一年的大多数时间里，土体没有上升水流的产生，即使最后洼地积水干涸（一般在秋季后期），土壤积盐也相对较轻。在雨季，微地貌高处的土壤有一个不连续的淋洗时间段和过程；而在干旱季节，微地貌高处的土壤却有一个相对连续的积盐时间段和过程。在强烈的地表蒸发作用下，积水区与其周缘稍高处土壤形成湿度和温度梯度差，积水洼地的水盐通过土壤毛管水的侧向水平运动向积水洼地四周稍高的地貌部位运移并累积盐分。这种盐分的累积强度与积水区周缘高点的土壤湿度梯度是一致的。在微地貌的相对高点（区），同时存在着纵向和横向两个方向的湿度差。由于土壤水分是由湿度大的土层向湿度小的土层移动，所以微地貌的相对高点（区）既有毛管垂直上升水流的补给，也有毛管侧向水流的补给。当水分沿土壤毛细管由下而上，由缓坡低处向缓坡高处移动，盐分也随之向微地貌的相对高点（区）运动，并通过蒸发而不断积聚，蒸发量越大，水分补给越快，盐分累积也越多。缓坡更有利于水盐的侧向运动，缓坡坡度越缓，盐渍化的影响范围越大。而且，土壤盐分分布如同土壤湿度一样呈环状梯度分布，在一个不大的区域内，土壤盐分就有许多这样的环状梯度分布，组合起来就形成了一个非常复杂、含盐量差异很大的盐渍土复区。在松嫩低平原，一般季节性积水洼地的中心积盐较弱或不积盐，而积水区周缘的相对高点（区）则是盐分累积最重之处（往往形成浅位柱状碱土或白盖碱土）。在几十米的范围内，相对高差几十厘米，就可能分布有盐土、碱土、草甸土几种土类。

宏观上看，松嫩平原的盐渍土分布在地质构造属于松辽凹陷的一部分、覆盖着新生代河湖相堆积物、四面环山的低平原上。而微观上看，土壤盐渍化程度重的却是微地貌稍高的地段和区域（松嫩平原的苏打草甸碱土主要分布在高出低洼地 0.5 ~ 1.0 m 的区域）。由于松嫩平原中、小、微地貌的普遍存在，在地下水和地表水的双重影响下，土壤含盐量在一个不大的范围内往往差异很大，一般的野外调查和土壤制图很难把它们单独区分开来。不同盐化程度的盐渍土镶嵌分布，相伴共存，形成盐渍土复区，是松嫩平原现代型盐渍土存在的主要方式。土壤盐分含量的这种不均匀性是该区盐渍土最为普遍、突出的特点之一，它给盐渍化土壤的大面积开发利用和生态重建及可持续发展带来诸多不便和困难。

松嫩平原盐渍土的盐分多集中在表层或亚表层，表层或亚表层盐分含量经常比土壤母质层含盐量高几倍，甚至十几倍。另外，该区盐渍土的含盐量不是一个固定的数值。尤其是土壤的表层和亚表层，含盐量始终处于动态的变化之中，具有明显的季节性积盐期和短暂的脱盐时间段。所以，该区盐渍化土壤的表层或亚表层的含盐量并不是一个常数，而是一个波动值。

（三）古环境演变与土壤盐渍化

1.古环境演变与沼泽湿地形成

新构造运动对盐渍土形成的影响主要是通过地势和水系变化发生作用的。该区是中生代形成的凹陷盆地，沉积了 5 000 m 以上的中生代和新生代河湖相沉积物。在构造上，松嫩盆地存在 10 余条主要活动断裂，第四纪以来的新构造运动仍以大面积小幅度沉降为主，从早更新世晚期至中更新世晚期一直沉降，并形成松嫩大湖。晚更新世和全新世以来，沿着断裂不等量下沉形成次一级沉降区，如晚更新世中期，在滨洲线以北形成了乌裕尔河和双阳河两个沉降区。这两个沉降区地势低洼，沼泽湿地分布广泛。霍林河的向海地区也由于地壳下沉形成十分宽广的河漫滩，导致沼泽湿地发育。晚更新世晚期平原西部地区沉降幅度加大，造成雅鲁河、绰尔河和洮儿河冲积扇受到嫩江及其古河道的水流顶托，形成沼泽湿地集中分布区。研究表明，松嫩平原西部自晚更新世以来发生多次较大的河道变迁，河道变迁的结果是在古河床浅水地区形成大片沼泽湿地。此外，松嫩大湖消亡后，残留了许多湖泊，如大布苏湖、查干湖和波罗泡等。在这些湖泊的周边地区盐渍土广泛分布。在干冷多风的气候条件下，晚更新世晚期至全新世早期开始发育沙地。风蚀作用形成了与沙丘相间分布的风蚀洼地，洼地规模一般在 10 ~ 100 hm^2。由于地势低洼，地下水位高，在大气降水补给下，造成季节性积水，形成沼泽湿地。风蚀洼地沼泽湿地成为该区一种特殊的景观。

2.沼泽湿地与残余盐碱化

松嫩平原残余盐碱化沼泽湿地主要分布在大安、通榆、乾安、大庆及安达的高中洼地区，集中分布在这些地区的闭流湖盆、古河道洼地和风蚀洼地等地貌部位上。残余盐碱化沼泽湿地表层土壤含盐量一般在 3 g/kg 以上。另外，古河道沼泽湿地和风蚀洼地沼泽湿地都在残余盐碱化过程基础上明显叠加了现代盐碱化过程。

沼泽湿地残余盐碱化的形成机制主要与地质历史时期凹陷闭流湖盆的形成、古河道频繁变迁和风蚀作用形成的闭流洼地有关。在湖泊消亡的过程中，由于不等量的构造运动，在玉木冰期干冷气候作用下，形成了不同规模的内陆闭流湖盆。四周的地表径流汇入湖泊后，由于没有外流，水分不断蒸发，水中盐分残留在湖泊里，并通过湖水下渗、侧渗到四周的浅层地下水和沉积物中。如乾安大布苏湖湖滩沉积物 pH 值达 10.3，地表已形成大面积白色盐壳。在月亮泡至查干湖古河道，通榆、乾安的霍林河古河道等更新世末—全新世发育的牛轭湖及浅碟形闭流洼地形成了大面积的碱化沼泽湿地。

（四）成土母质与土壤盐渍化

松嫩平原周围的山地土壤母质多为玄武岩和花岗岩风化物，岩石中的 NaAlO$_2$、Na$_2$SiO$_3$ 及 NaHSiO$_3$ 等化合物与水、碳酸作用形成苏打，可能是松嫩平原土壤中苏打的主要来源。

该区凹陷边缘的冲积扇地带，三面被隆起的高地所环绕，在其上堆积了以砾石为主的冲积物。砾石层由顶部至前缘逐渐增厚。砾石层之上，顶部母质为沙质和沙壤质，前缘为壤质和黏壤质的沉积物。在冲积扇的顶部，盐渍土一般不发育或发育得很微弱。到了中部和前缘，随着母质由粗变细，地下水位由深变浅，土壤盐渍化也随之发生。

松嫩平原周边倾斜台地海拔在 200～250 m，经流水的侵蚀作用，地面起伏比较大。土壤母质多为黄土状沉积物和一部分杂色泥页岩。其上发育的土壤主要有黑土和黑钙土。在山前倾斜台地与平原的过渡带，有一带状的盐化草甸黑土或盐化草甸黑钙土分布区。这一带状的盐化草甸黑土或盐化草甸黑钙土区域都很狭窄，一般只有几十米到几百米宽。

松嫩平原中心地带及历史形成的河流故道和现代河流两岸的河漫滩，母质主体为河流相冲积物所构成。冲积物是该区分布较为广泛的一种沉积类型，沉积物一般多具有水平层理。在湖盆低地，母质多为壤质和黏壤质。湖盆中心则为静水沉积，沉积物多十分黏重，现在也是盐渍化土壤的主要分布地区。

（五）水文及水文地质条件与土壤盐渍化

1.地表径流与土壤盐渍化

水是溶剂，又是盐的载体。盐溶于水，并随水移动。水在盐渍土的形成过程中，在土壤物质和能量转移及转化过程中都起着十分重要的作用。由此可见，水文及水文地质条件与土壤盐渍化有着十分密切的联系。特别是地表径流、浅层地下径流的运动规律和水化学特性对土壤盐分的累积、分布具有重要的影响。地表径流可以通过河水泛滥或引水灌溉淹没地面，携带盐分进入土体。河水和湖水还可以通过渗漏补给地下水，抬高河道和湖泊周围的地下水位，增加或淡化地下水的矿化度，进而影响土壤盐渍化的发生和发展。地表径流影响土壤盐渍化的程度主要取决于河水、湖水含盐量的大小。而河水、湖水的矿化度除了受流经地层的影响外，与径流大小、出流条件及气候条件的关系也十分密切。

松嫩平原内，除松花江、第二松花江、嫩江和洮儿河等河流贯穿中部外，尚有许多发源于周围山地的大小无尾河向中部低平原集中。无尾河主要分布在松嫩平原北部和西部地区，无尾河水流漫散于平原内的低平洼地中，长期停滞不能外流，可溶盐类随水大量汇集于该区，并形成大小不等、无以计数、星罗棋布的内陆湖泊。由于这些湖泊水质不良、矿化度高，促进了河流、湖泊周围土壤盐分的累积。

松嫩平原地表水有如下几个特点：一是，松花江、嫩江、洮儿河、雅鲁河等河流矿化度低，主要为 HCO_3–Ca 型水，年径流量很大；二是，全区闭流区面积很大，闭流区地表径流微弱，水体矿化度很高，主要为 $HCO_3 \cdot Cl$–Na 型水；三是，松嫩平原湖泊众多、星罗棋布，遍布全区，大小湖泊几千个，多为微咸水湖和咸水湖，封闭湖泊中的残余碱度、钠吸附比、钠化率、pH 值和矿化度等指标要比开放性湖泊高出许多。

2.地下水水文地球化学特征与土壤盐渍化

松嫩平原与土壤盐渍化有直接联系的地下水是松散孔隙潜水，该区不同地貌区中，潜水的地球化学特征有着较大的差异。

松嫩平原承压水与土壤盐渍化的产生有着间接的联系。该区承压水一般埋深 60～100 m，含水层厚 5～60 m，受补给区和汇水区水文地质条件的制约，水文地球化学特征与上部潜水有较大的差别，除可溶性 SiO_2、游离 CO_2 高于潜水外，盐分离子含量均低于潜水，矿化度低于 0.5 g/L，以 HCO_3–Ca 型水为主。霍林河下游 Cl^- 含量增高，出现 $HCO_3 \cdot Cl$–Ca 型水。在松嫩平原，无论是潜水，还是不同深度的各类承压水，大都为 HCO_3–Ca 型水。

3.地下水盐运动对土壤盐渍化的影响

地下水对土壤盐渍化的影响主要反映在潜水埋深、径流条件及地下水的矿化度和离子组成等方面。潜水埋深直接关系到土壤毛管水能否到达地表，使土壤产生积盐，同时也在一定程度上决定着土壤的积盐程度。在倾斜台地，地下水经常埋藏在临界深度以下，矿化度低，阳离子以 Ca^{2+} 为主，阴离子以 HCO_3^- 为主，这里主要分布着非盐化土壤。在低平原区，湖漫滩和河漫滩地下水矿化度一般为 0.3～0.5 g/L，阳离子以 Na^+ 为主，埋藏深度浅，经常或间歇地升到临界深度以上，这些地区成为土壤盐渍化主要发生区。在松嫩平原，潜水埋深大于 3.0 m 的地区，土壤一般不发生盐渍化；潜水埋深小于 1.5 m 的地区，土壤多发生盐渍化。

地下水径流条件也影响土壤盐渍化的发生。在径流畅通地区，如山地和倾斜台地，由于地形坡降大，以溶滤土壤中的盐分为主，土壤一般不会产生盐渍化；在径流滞缓地区，由于地势低洼，潜水埋藏浅，地下水以垂直蒸发为主，土壤易发生盐渍化。在潜水埋深相同的条件下（小于临界深度），潜水矿化度越大，土壤盐渍化越严重。当潜水矿化度为 0.5 ~ 1.0 g/L 时，土壤多呈轻、中度盐渍化；潜水矿化度 > 1.0 g/L 时，土壤多呈重度盐渍化。潜水矿化度较高的地段，土壤盐分累积的强度和广度较大。同时，地面滞水对土壤盐分累积过程也有很大影响，其强度和广度与各地区导致产生地面滞水的各种因素有很大关系，如洼地的数量，丰水年和平水年洼地积水面积、积水矿化度大小，洼地和微倾斜低平地段地面起伏程度等。

在自然状态下，地下水排泄既有地表蒸发，又有向地表泄流。向地表泄流对地球表面元素迁移起着重要作用。松嫩低平原潜水多贮存于第四纪松散沉积物中，因地处半封闭式蓄水盆地，地下水流滞缓。松嫩低平原区潜水埋深一般在 2 m 左右，在一些低洼处甚至积水成潭。这样，饱水带、包气带、植物体和大气圈较低层的水分传递关系构成一个连续体，蒸发排泄加强，使大量盐分在土壤和地下水中不断积累，导致了土壤盐渍化。

对大多数土壤来说，水位埋深小于 1 m 时，在蒸发条件下，潜水将会向上迁移。对于黏质土，水流向上迁移速度大于 2.5 mm/d，对于沙质土来说这种迁移的速度更快。当水位埋深大于 1 m 时，土壤导水系数和深度限制了水流向上迁移的速率，当水位处于 1.2 ~ 3.0 m 时，对于沙质土来说，向上迁移的速率减小至 1/10。土壤盐分的积累在很大程度上受地下水的水位埋深、含盐量及植物根系的吸水模式的影响。松嫩平原土壤盐渍化类型明显受地下水化学类型影响。低平原区地下水矿化度一般大于 1 g/L，局部大于 3 g/L，其盐分组成以苏打为主，而氯化物和硫酸盐含量相对较少。苏打含量随矿化度的增加而成比例增加，这与该区盐渍化土壤主要为苏打盐渍土，土壤中苏打含量随全盐量的增加而增加是一致的。

总之，松嫩平原从山前倾斜台地以溶滤作用为主，向中部低平原区逐渐过渡为以蒸发浓缩作用和离子交换吸附作用为主。低平原区多为闭流区，地表水及地下水径流条件差，流水不畅，潜水水位多高于临界水位，蒸发成为潜水的唯一排泄途径，潜水与包气带间产生强烈的地球化学交互作用，引起土壤盐渍化的发生。

（六）人类活动对土壤盐渍化的影响

土壤不仅是自然体，也是人类劳动的客体。人类活动对土壤形成过程产生巨大影响。人类活动可改变成土条件，从而导致土壤形成过程向新的方向发展。当然，新的方向可能是好的，即有利于人类生存、生产的；但也可能是坏的，即不利于人类生存、生产和可持续发展的。土壤盐渍化分原生和次生两种。一般将人为因素干扰强度较小，在自然条件下发生的土壤盐渍化过程称为土壤原生盐渍化；因人类不合理利用而引起的土壤盐渍化过程称为土壤次生盐渍化。土壤盐渍化，特别是土壤次生盐渍化，是人们开发利用土地资源不当，从而导致土壤形成过程向着不利于人类生存、生产方向发展的例证。

1.过度放牧和割草对土壤盐渍化的影响

伴随着松嫩平原畜牧业迅速发展和牧草出口量的增加，松嫩平原草原上的植被在不断退化。过度放牧、割草强度过大、搂草、烧荒、挖药等，使草地植被遭到严重破坏。李建东等对松嫩平原西南部不同放牧强度下的植被和土壤的调查表明，随着放牧强度的增大，优质牧草的相对生物量在迅速下降。在放牧强度加大的初期，羊草草地中的羊草、拂子茅、五脉山黧豆等优质牧草数量开始减少。随着放牧强度进一步加大，羊草种群盖度下降，寸草苔开始在群落中出现。到了重牧阶段，群落中开始有耐盐碱的植物种出现，碱蓬种群的盖度迅速上升。到了过牧阶段，碱蓬已成为植物群落中的优势种。此时羊草等优质牧草已基本消失，草原单位面积产草量、产草总量和群落总生物量直线下降。以往"风吹草低见牛羊"的景色已很难看见。现在草原过度放牧已经到了牛羊啃青从春季草发芽开始，一直啃到秋季，有些地方已无草可啃，变成了"光板地"。

松嫩平原草原植被的迅速退化，植被覆盖度的降低，使土壤的直接蒸发面积扩大，水分蒸发强度加大，土壤水分的耗损更加迅速，土壤水盐运动速率加快，使土壤盐渍化程度更加严重。土壤盐渍化的发展，进一步促使植被的退化和盖度降低，从而又加速了土壤盐渍化的发展。由此形成了一个恶性循环：土壤盐渍化→草地退化→土壤盐渍化加速→草地退化加剧→土壤盐渍化加重。过度放牧、割草强度过大虽不是松嫩平原土壤盐渍化的内在原因，却是非常重要的外在因素。草地的不断退化可以加重和加速土壤盐渍化的程度和进程。相反，植被的恢复、盖度的增加也可以滞缓土壤盐渍化的发展。

2.人类胁迫下水环境演变对土壤盐渍化的影响

几十年前，松嫩平原上湖泊星罗棋布，土壤肥沃，水草丰美，盐碱土多以斑块的形式散布在草原上。而今，许多湖泊消失，草地退化，土壤盐碱化日益加重，盐碱土面积迅速扩大，生态环境急剧恶化。土壤盐碱化已经成为这一地区可持续发展最主要的障碍因子。如果任其发展，松嫩平原受潜在盐渍化威胁的土地也许会全部盐渍化、荒漠化，变成不毛之地！松嫩平原苏打盐渍化土壤主要集中分布在霍林河、乌裕尔河、双阳河等无尾河下游的散流区以及嫩江、洮儿河的泄洪故道和滞洪区。

20世纪50年代以前，人类活动对松嫩平原的作用很微弱，生态环境基本处于原生的自然状态。在松花江、第二松花江、嫩江、洮儿河等河流的汛期，洪水时常漫溢过高河漫滩，进入平原的泄洪河道和滞洪区，与平原内陆的湖泊水体连成一片，使水体的矿化度降低，湿地面积增加。汛期过后，洪水退出平原时，一部分可溶性盐被水携带出平原。在汛期，区内无尾河下游的断流河道也能恢复过流，除补给散流区湖泊、沼泽湿地之外，过流也携带一部分盐分进入下游大江大河。区域的生态环境、物质循环和能量流动处于一个相对自然的动态平衡之中。

20世纪50年代以后，随着人口的增加、人均耕地的减少和粮食需求的增加，人类活动由四周的阶地向低平原移动，并在松嫩低平原上开荒、种地、放牧、割草。为了使生产、生活设施不被洪水淹没，人们开始在江河的两岸修筑堤防，在河流（包括时令河）的上游修建水库等拦水设施。随着时间的推移，人类活动的增强，大江大河两岸的堤防日趋完善，一般的洪水已很难越过堤防进入平原的内陆，平原原生生态环境、物质循环和能量流动的动态平衡被打破。随着大江大河补给平原内陆水量的骤减，一些依靠洪水补给的泄洪河道、滞洪区湖泊和沼泽湿地逐渐缩小，水体矿化度上升，一些水体逐渐干涸。水去盐留，这些干涸的泄洪河道、湖泊和沼泽湿地多已成为松嫩平原盐渍土的主要分布区。由于出流受阻，无尾河下游的散流区如同一个巨大浅碟形蒸发器皿，承接着来自大小兴安岭的地表径流，大小兴安岭富含硅铝酸盐（钠）的花岗岩、安山岩、玄武岩等岩石风化后形成的可溶性盐类随水下移，源源不断地进入这个巨大的蒸发器皿内。无尾河提供的水和盐分如同物质的源，散流区如同一个汇，在地面强烈的蒸发作用下，盐分随介质在垂直和水平的运移过程中持续不断地汇积在土壤表层，使无尾河下游的散流区土壤盐渍化程度日益加重。

三、草原退化成因分析

土地退化是指主要由人类不合理活动和气候变化导致土地质量下降乃至荒芜的过程。土地退化的核心是土壤退化，即土壤的物理退化、化学退化与生物退化。土壤物理退化包括侵蚀沙化、坚实硬化及铁质硬化，土壤化学退化主要表现为土壤元素失衡及盐化、碱化、次生盐渍化和化学污染等，土壤生物退化即有机质含量减少和土壤动物区系破坏的过程。

松嫩平原随着人口的增加，开发和建设速度加快，成为国家最为重要的商品农业基地，也是国家的重工业基地之一。与此同时，人类活动对自然环境的干扰强度日益增大，大面积开荒、垦建脱节、重用轻养、超载过牧、环境污染等均导致了土地退化，松嫩平原西部土地沙化、碱化与草原退化问题尤为严重。草地退化是土地盐碱化、土地沙漠化恶性循环的结果，非沙化、碱化的草地也因超载过牧等原因而逐渐退化。

（一）土地盐碱化成因分析

1.盐碱化土地的分布

松嫩平原西部的盐碱土基本属于内陆苏打盐碱型。盐分组成中以苏打（Na_2CO_3）和小苏打（$NaHCO_3$）为主，含有少量的硫酸盐和氯化物。由于土壤在苏打盐化过程中伴随发生碱化过程，所以苏打盐碱土兼有不同程度的盐化和碱化特性。按照土壤盐化和碱化的程度，主要分为草甸盐土、草甸碱土和盐碱化土壤三个类型。

松嫩平原盐碱化土地分布在中西部地区，被嫩江和松花江分割为南北两大片，南片分布在白城市、松原市和长春市所属的 11 个县市，以大安、通榆、镇赉、前郭尔罗斯、乾安、长岭为集中分布区；北片分布在大庆市、齐齐哈尔市和绥化市所属的 16 个县市，以安达、大庆、杜尔伯特、肇源等为集中分布区。这些市县的盐碱化土地面积均在 10 万 hm² 以上。按盐碱化土地面积，以通榆县为最大，达 36.55 万 hm²；按区域分布的集中程度，以大安市为最高，盐碱化土地占土地总面积的比例高达 62.2%，其次为通榆、乾安和安达市，分别占该市县土地总面积的 43.0%、42.9% 和 41.2%。

2. 土地盐碱化成因分析

松嫩平原是我国东部中新生代大型陆相沉积盆地，是由松花江及嫩江和呼兰河、拉林河、洮儿河等较大的支流冲积作用形成的冲积平原，地表覆盖着第四纪河湖相沉积物，这些沉积物是形成盐碱土的母质基础。区内地形平缓，坡降 1/5 000～1/8 000，海拔为 120～180 m，因有风力侵蚀，形成沙丘漫岗和浅碟形凹平地交错分布的地表形态，微地形的起伏变化产生了积盐与脱盐的分化。该区尚有发源于周围山地的百余条大小无尾河向低平原漫散，加之平原沉积物质地黏重，渗透性差，水网又很不发达，可溶性盐类难以排出，形成了盐分迁移的富集区。该区年降水量 370～500 mm，陆面蒸发量 900～1 000 mm。降水季节分配不均，春季降水极少，增温快，多大风，蒸发量大，是全年水盐运动的积盐期，土壤表层强烈积盐；夏季降水量大而集中，是土壤脱盐期；秋季降水也较少，地表又出现积盐现象。由此可见，该区土壤水盐运动的积盐与脱盐过程和大陆性季风气候的变化特点有关。

松嫩平原苏打盐渍土区的苏打主要来自周围山地的火成岩（花岗岩、片麻岩、安山岩和玄武岩等）的风化物。此外，平原深层地下水含盐量 0.7～0.8 g/L，其中所含苏打成分也是土壤中苏打的另一来源。

地下水环境与土壤盐渍化的关系极为密切。松嫩平原的地下水主要有第四纪下更新统白土山组承压水、第三纪上新统—第四纪下更新统泰康组承压水和第四纪孔隙潜水，与土壤盐渍化有直接联系的地下水是松散孔隙潜水，它对土壤盐渍化发生的影响主要反映在潜水埋深、径流条件、地表水及地下水的矿化度和离子组成等方面。承压水与土壤盐渍化有间接的联系，特别与人类生产活动影响下的土壤次生盐渍化的发生有关。

潜水埋深直接关系到土壤毛管水能否到达地表，使土壤产生积盐，同时也在一定程度上决定着土壤的盐渍化程度。在西部，凡是潜水埋深大于 3.0 m 的地区，土壤一般不发生盐渍化；潜水埋深为 1.5～1.8 m 的地区，土地多呈中度盐碱化；潜水埋深小于 1.5 m 的地区，土壤多呈重度盐渍化，且常形成盐渍化与沼泽化交替演变的盐沼洼地。在径流滞缓地区，地下水以垂直蒸发为主，土地易发生盐碱化。潜水埋深相同的条件下（小于返盐临界深度），潜水矿化度越大，土地盐碱化越严重，反之越轻。当潜水矿化度小于 0.5 g/L 时，土壤基本无盐渍化；潜水矿化度为 0.5～1.0 g/L 时，土壤多呈轻、中度盐渍化；潜水矿化度大于 1.0 g/L 时，土壤多呈重度盐渍化。

（二）土地沙漠化成因分析

1.沙地的分布

松嫩平原的沙地分别属于两大沙地，大致以第二松花江—霍林河下游一线为界，南部为科尔沁沙地向东北的延续部分，属科尔沁沙地，分布在通榆、长岭和前郭尔罗斯南部一带，称"向乌沙带"或"通榆沙地"，面积 47.93 万 hm²；北部则称"松嫩沙地"，北界为大兴安岭山前台地，东界大致为讷河、林甸、肇源至陶赖昭一线，沙地所在的主要市（县）包括黑龙江省的齐齐哈尔、泰来、杜尔伯特、富裕、讷河、龙江、大庆、肇源和吉林省的扶余、大安、镇赉、洮南等 12个市（县）。沙地总面积 67.22 万 hm²。

2.土地沙漠化成因分析

（1）土地沙漠化的自然因素。

具有疏松的沙物质基础以及干旱季节与大风在时间上的同步性是发生土地沙漠化的重要自然因素。松嫩沙地发育的沙源主要来自更新世以来冲积和湖积的粉细沙层，有的裸露于地表，有的埋藏在亚黏土和亚沙土层之下。该区晚更新世在末次冰期冰缘气候条件下，虽风力作用强盛，但因有冻土发育，风对沙质地表的改造作用较小，故较广泛地形成一些低缓沙丘。全新世早期，气候较暖，松嫩地区的永久冻土开始解冻，阶地和泛滥平原上的冲积沙大面积被风吹起，沙丘规模不断扩大。全新世中期，气候属高温高湿期，松嫩沙地普遍有一层古土壤发育，风沙活动面积明显缩小，大部分沙丘趋于固定。全新世晚期，气候趋于干凉，风力作用再度活跃,在古土壤上又较普遍地覆盖有这一时期形成的沙丘或沙堆。人类历史时期,尤其是辽金以来,由于土地垦殖,局部出现斑状流沙。

松嫩沙地风成沙丘的沙粒径以细沙和粗粉沙粒级为主,与阶地平原和泛滥平原上的冲积沙相似,而且在空间上不存在自西向东逐渐变细的分异规律,故一般认为各沙地的沙丘沙基本上是由河流冲积、湖积物就地起沙堆积而成的,只有少量的细粒碎屑物质是由风力从远处搬运而来的。其中,扶余沙地的沙丘沙主要来自第二松花江的漫滩沙;舍力沙地沙丘沙主要来自洮儿河的漫滩沙;齐齐哈尔沙地、泰来沙地、杜尔伯特沙地的沙丘沙主要来自嫩江及其支流的泛滥平原,也有的来自大兴安岭山前的冲积扇;杜尔伯特沙地的中部和东部有些沙丘沙来源于上更新统顾乡屯组边滩相的沉积;较大湖泊的环湖沙垄,其沙源则以湖泊沉积物为主。

松嫩平原西部的风动力条件与干旱季节的一致性成为土地沙漠化形成与发展的气候因素。

(2)土地沙漠化的人为因素。

随着人口的增长,过度放牧、过度开垦、过度樵采和过度采集药材破坏了沙丘上的天然植被,这是加速土地沙漠化更为直接的原因。

几十年来,人们利用沙地易开垦的特点,大量开垦沙地种植粮食作物和经济作物,使耕地面积扩大 1~2 倍。开垦伊始,尚可维持一定产量,但由于毁坏沙地原有植被,破坏了土壤结构,在春季大风而又无防风保护措施的情况下,沙粒连同表土一起被吹走,因严重风蚀和沙化,有些已垦土地又沦为不毛之地,被迫撂荒。撂荒后的土地无人管理,风蚀更为严重,甚至出现片状流沙。另外,随着各地牲畜数量成倍增加,沙地草场过度放牧,加上甸子地因草场的碱化或遇雨天不能放牧,大批牲畜又移向沙地草场放牧,更加重沙地草场的负担,沙地植物被连根拔起或被践踏而死,使牲畜聚集之地常形成斑状流沙点或沙漠化发生圈。

1977 年联合国沙漠化会议对生态系统脆弱的半干旱农牧区提出人口密度应控制在 20 人/km² 以下,而松嫩平原沙地主要县市的人口密度则为 39.45~320.9 人/km²,农业人口密度也在 28.02~135.79 人/km²,大大超过半干旱地区应控制的人口密度。据资料计算,1949 年杜尔伯特的人口密度不到 13 人/km²,而今已达 39.45 人/km²;1915 年泰来人口密度不足 4 人/km²,而今已达 82.76 人/km²,人口密度增加 20 多倍。在巨大的人口压力下,耕地比例、农业强度和畜牧业强度随之增大,使土地沙漠化面积扩大。

但从另一方面看，人类活动对许多地区土地沙漠化的逆转也起到积极作用。尤其是"三北"防护林的建设和不断完善，对风沙的防治起到重要作用，一些防护林建设的典型区生态环境得到明显改善。城镇的发展吸引了一部分农业人口，也对减轻沙区人口压力起到了一定的作用。

（三）草地退化成因分析

1.草地退化现状及趋势

草地退化是土地盐碱化、土地沙漠化恶性循环的结果，非沙化、碱化的草地也因超载过牧等原因而逐渐退化。西部草地的变化，一是草地面积明显减小；二是草地生态系统遭到严重破坏，产草量下降。草地面积的减小主要是盲目开荒造成的。

松嫩平原黑龙江省西部 14 个重点草原市（县）统计，1965 年土地调查，草地面积达 231.7 万 hm^2；1985 年土地调查，草地面积为 201.4 万 hm^2；1996 年土地调查，草地面积仅有 137.5 万 hm^2，比 1965 年减少 94.2 万 hm^2，减少 40.7%。松嫩平原黑龙江省西部全区，1949 年有草地 400 万 hm^2，因开垦耕地和非农用地，到 1963 年草地面积减少到 301.53 万 hm^2，1985 年草地普查面积为 257.6 万 hm^2，目前草地面积仅有 186.6 万 hm^2。在现有草地面积中，退化草地达 167 万 hm^2，占草地总面积的 89%。齐齐哈尔市各市（县）在 1993—1997 年，因开荒 20 万 hm^2，致使草地面积由 75.1 万 hm^2 减少到 55.1 万 hm^2。

目前，全区退化草地占草地总面积的 80% 以上，几乎见不到完整的大面积原始草地，产草量已由中华人民共和国成立初期的 1 500～3 000 kg/hm^2，减小到现在的采草场一般为 600～900 kg/hm^2，放牧场仅 300～450 kg/hm^2。以羊草为优势的羊草草地，20 世纪 50 年代初平均草高 80 cm 以上，盖度在 85% 以上；到 60 年代初平均草高 60 cm，盖度在 70%～80%；目前平均草高仅 30～40 cm，盖度只有 40%～70%。严重退化的草场，草高仅 5～15 cm，盖度为 10%～20%。20 世纪 50 年代羊草割草场采收的干草中，羊草占 80% 以上，豆科牧草占 5% 左右。而目前羊草在干草中所占的比例仅为 30%～60%，豆科牧草几乎绝迹，而牲畜不喜食的杂类草、毒害草和一年生植物逐年增多，特别是盐生植物得到迅速发展。

草地退化的轻重程度可分轻度退化、中度退化和重度退化。轻度退化草地，其植被的种类组成没有变化，仅植物的高度、密度、盖度发生了量的变化，产草量在 600 kg/hm² 以上；中度退化草地，植被的种类组成开始发生变化，优良的牧草种类逐渐减少，植被盖度为 40%~50%，草高一般在 15~30 cm（因干湿程度不同而有变化），密度一般为 300~500 株/m²，产草量在 450~600 kg/hm²，草地有明显的盐碱化或沙化；重度退化草地，植物群落类型发生变化，草地盐碱化或沙化严重，草地碱斑比例可达 50% 以上，草地植被盖度在 40% 以下，草高一般在 15 cm 以下，密度小于 300 株/m²，产草量小于 450 kg/hm²。按 1∶50 万土地三化图统计，轻、中、重度退化草地分别占草地面积的 17.1%、46.2% 和 36.7%。

2.人类活动对草地退化的影响

松嫩平原草地的退化，超载过牧和开荒等人类活动的影响是主要的。松嫩平原的天然草地仍以放牧为主，因此，草地的变化均与放牧有关。特别是目前草地面积越来越少，产草量逐年降低，而牲畜头数不断增多，超载过牧对草地的破坏越来越严重，导致草地持续退化。

松嫩平原黑龙江省西部 13 个重点牧业市（县）统计，现有草食家畜 2 561.1 万个羊单位，占全省的 58.6%，是理论载畜量的 4.57 倍。由于牲畜数量过多，划区轮牧已不可能，牲畜在一块地上从早春到晚秋采食踩踏，使牧草没有恢复生长的机会。有些牧草在早春嫩芽时，因承受不了牲畜连续高强度的采食和践踏而死，土壤也因雨后和初春高强度放牧板结而沦为碱斑地。

安达市是黑龙江省的重点牧业市。该市现有草地面积 16.6 万 hm²，占土地总面积的 46.76%。由于畜牧业的发展，大牲畜从 1949 年的 3.5 万头发展到 1994 年的 14.1 万头，羊从 1949 年的 3 354 只发展到 1994 年的 11.4 万只，使实际载畜量超过理论载畜量的 1.8 倍。先锋开发小区位于安达市区东 15 km，有草地 0.67 万 hm²，实际载畜量达 4 万个羊单位，超过理论载畜量的 5 倍。超载过牧使草地碱化、退化严重，平均干草产量已由 20 世纪 50 年代的 2 400 kg/hm² 下降到 80 年代的 750 kg/hm² 左右。

大安市 20 世纪 50 年代羊草草地可利用面积 28.4 万 hm²，产草量 35 万 t，可载畜 58 万个羊单位，每个羊单位占有草地 1.2 hm²，实际载畜 23.6 万个羊单位；到 80 年代末，羊草草地可利用面积 17.7 万 hm²，产草量下降至 15 万 t，可载畜

35 万个羊单位，每个羊单位占有草地 0.3 hm²，实际载畜 55 万个羊单位，超载 20 万个羊单位。因超载、开荒和干旱，许多羊草草甸变成了盐碱荒漠，群众称之为"运动场"。目前，重度盐碱化草地占 74.1%。保存最好的姜家甸草地面积 8.7 万 hm²，其产草量也由 50 年代的 2 000 kg/hm² 下降到 1 000 kg/hm² 左右。

过度放牧引起草地植物群落的变化和产草量的明显下降。放牧家畜反复啃食和践踏破坏了植物的生长发育规律，改变了原有的生境条件，使植物群落种类组成的消长发生变化，并导致群落类型的改变。随着放牧强度的增大，牲畜喜食的优良牧草逐渐减少，而牲畜不喜食的杂类草、一年生植物和抗盐碱植物逐渐增多，从而使群落内的植物种类及其数量、密度、盖度等均发生变化，原植物群落的优势种变为亚优势种或伴生种，导致植物群落的变化。在过牧条件下，草地植被一般按羊草→杂类草→碱蒿或碱蓬→光碱斑，或羊草→杂类草→星星草→光碱斑系列演替和退化。以贝加尔针茅为优势的群落演替为糙隐子草群落、一年生黄蒿和狗尾草群落，直到沦为流沙地。

过度放牧对草地生态环境的主要影响有：放牧减少了地表的枯枝落叶量，导致土壤表面蒸发作用加强，使草地逐渐趋于旱化；放牧践踏造成土壤板结，容重增高，孔隙度和通气性降低，不利于植物根系生长；过度放牧引起土地次生盐渍化和土地沙漠化。生态环境的变化又促使草地退化的加剧。

开荒既是草地减少的主要原因，也是引起草地沙化的主要原因。由于松嫩平原属半湿润半干旱地区，沙地面积大，易开垦，当地群众习惯于采取广种薄收、粗放经营的方式对沙地进行掠夺式开荒，在农田沙漠化后又撂荒，因而扩大了对草地植被的破坏。20 世纪 50 ~ 80 年代的开荒主要在沙地的贝加尔针茅群落上进行，故该区地带性植被所剩无几，对灌丛和榆树疏林开荒，也使大面积的岛状榆树疏林基本消失。近些年的开荒又转向了盐碱化草地。

在导致草原退化的人为因素和自然因素中，人为因素的影响是最重要的。但是，自然因素对草地盐碱化和沙漠化的影响也不容忽视。区域气候对全球气候变暖、变干趋势的响应对该区草地退化也有所影响。

第二章 盐碱土分类与退化草原分级

第一节 盐碱土分类

土壤盐碱化包括土壤盐化和碱化两个不同的成土过程。盐化过程通常是指过多的中性或接近中性可溶性盐类在土体表层或亚表层积累的过程。碱化过程是指超过一定数量的钠离子进入土壤吸收性复合体的过程。盐化土壤是指在相应土类的主要成土过程的基础上，附加了次要的盐化成土过程。而碱化土壤是指在相应土类的主要成土过程的基础上，附加了次要的碱化成土过程。参照我国现行的土壤分类系统，把松嫩平原主要的盐碱土按土类、亚类、土属、土种分为4级。具体分类依据及指标如下：首先按典型成土过程及剖面特征划分出土类；再按其理化特征及其附加成土过程划分出若干亚类；松嫩平原盐碱土土属的划分，主要依据土壤化学组成中阴离子的当量比；土种则主要按盐分含量的多少、碱化层出现的部位以及碱斑所占的比例等划分，见表 2-1 至表 2-5。

表 2-1 盐碱土土属的划分指标

类型	指标	N_1/N_2
苏打盐碱土	N_1（CO_3^{2-}+HCO_3^-）/N_2（Cl^-+SO_4^{2-}）	>4
硫酸盐苏打盐碱土	且 N_1（SO_4^{2-}）>N_2（Cl^-）	1~4
氯化物苏打盐碱土	且 N_1（Cl^-）>N_2（SO_4^{2-}）	1~4
硫酸盐盐碱土	且 N_1（SO_4^{2-}）>N_2（Cl^-）	<1
氯化物盐碱土	且 N_1（Cl^-）>N_2（SO_4^{2-}）	<1

表 2-2 盐化土及盐土分级（含盐量百分比）

类型	非盐化土壤	轻度盐化土	中度盐化土	重度盐化土	盐土
苏打为主	<0.1	0.1~0.3	0.3~0.5	0.5~0.7	>0.7
氯化物为主	<0.2	0.2~0.4	0.4~0.6	0.6~1.0	>1.0
硫酸盐为主	<0.3	0.3~0.5	0.5~0.7	0.7~1.2	>1.2

表 2-3　碱化土分级（碱化度分级）

碱化等级	弱碱化土	中碱化土	强碱化土	碱土
ESP	5 ~ 15	15 ~ 30	30 ~ 45	>45

表 2-4　碱土分级（碱化层部位分级）

等级	白盖碱土	浅位碱土	中位碱土	深位碱土	超深位碱土
深度/cm	0 ~ 2	2 ~ 7	7 ~ 15	15 ~ 30	>30

表 2-5　盐碱土分类

土类	亚类	土属	土壤种类
碱土	草甸碱土	苏打草甸碱土	白盖苏打草甸碱土 浅位苏打草甸碱土 中位苏打草甸碱土 深位苏打草甸碱土 超深位苏打草甸碱土
盐土	草甸盐土	苏打草甸盐土	苏打草甸盐土
草甸土*	盐化草甸土	苏打盐化草甸土	轻度苏打盐化草甸土 中度苏打盐化草甸土 重度苏打盐化草甸土
沼泽土*	盐化沼泽土	苏打盐化沼泽土	轻度苏打盐化沼泽土 苏打盐化沼泽土
黑钙土*	盐化黑钙土	苏打盐化黑钙土	苏打盐化黑钙土

注：*为非盐碱土类。

松嫩平原盐碱土的主要类型为苏打盐碱土，其主要特点是土壤在盐化的同时进行碱化。也就是说，苏打盐碱土在盐化过程中，可溶盐类在向土体上层积累的同时，一定数量的钠离子也在向土壤表层积聚。松嫩平原现行采用的盐碱土分类标准见表 2-6、表 2-7。

表 2-6 松嫩平原盐化土壤分级标准

级别号	分级名称	总碱度/（me/100 g 土）	残余碳酸钠/（me/100 g 土）	全盐量/%
0	非盐化土壤	<1.3	<1.0	<0.1
1	轻盐化土壤	1.3 ~ 2.7	1.0 ~ 2.5	0.1 ~ 0.3
2	中盐化土壤	2.7 ~ 4.0	2.5 ~ 4.0	0.3 ~ 0.5
3	重盐化土壤	4.0 ~ 5.5	4.0 ~ 5.7	0.5 ~ 0.7
4	盐土	>5.5	>5.7	>0.7

表 2-7 松嫩平原碱化土壤分级标准

级别号	分级名称	总碱度/（me/100g 土）	残余碳酸钠/（me/100g 土）	全盐量/%
0	非碱化土壤	<5	<0.5	<8.6
1	轻碱化土壤	5 ~ 15	0.5 ~ 1.3	8.6 ~ 8.9
2	中碱化土壤	15 ~ 30	1.3 ~ 2.0	8.9 ~ 9.4
3	重碱化土壤	30 ~ 45	2.0 ~ 3.0	9.4 ~ 9.8
4	碱土	>45	>3.0	>9.8

第二节 盐碱化草原分级与评价

一、盐碱化草原分级

土壤 pH 值是影响肥力的重要因素之一，直接影响土壤中养分存在的状态、转化及有效性，与土壤肥力、微生物活动以及植物的根系营养关系极为密切。根据不同样方测得的土壤 pH 值，并结合地面着生的植被种类及生长状况，将盐碱化草原按土壤酸碱度分为三级，即碱性土、强碱性土和极强碱性土，见表 2-8。

表 2-8 盐碱化草原土壤碱度分级标准

碱度分级	pH 值	植被种类	植被覆盖情况
碱性土	7.0 ~ 7.9	星星草、羊草	植被较多
强碱性土	7.9 ~ 8.9	星星草	植被较少
极强碱性土	>8.9	—	无植被（碱斑地）

土壤水溶性总盐量是盐渍土盐渍化程度的一个重要标志，是抑制植物生长的主要因素，不同植物种类所能耐受的土壤盐分总量不同。了解盐分总量对植物种类和生长的影响可为盐渍土生物改良措施中植物材料的选择提供科学依据。按照水溶性总盐量的范围及其对地表植被种类及分布的影响，将盐碱化草原土壤划分为轻度盐渍土、中度盐渍土和重度盐渍土三级，见表 2-9。

表 2-9 盐碱化草原土壤盐化程度分级标准

盐渍化程度	盐分/（g/kg）	植被种类	植被覆盖情况
轻度盐渍土	<2.0	星星草、羊草	植被较多
中度盐渍土	2.0 ~ 3.5	星星草	植被较少
重度盐渍土	>3.5	—	无植被（碱斑地）

土壤有机质是土壤中营养元素的重要来源，是判断土壤类型和土壤肥力状况的重要指标。土壤有机质与土壤中各种营养元素，特别是氮、磷，具有高度相关性。一般来说，土壤有机质含量的多少是土壤肥力高低的指标。根据土壤有机质含量，并参考土壤 pH 值和地表植被种类及生长状况，将盐碱化草原土壤养分等级划分为高等、中等和低等三级，见表 2-10。

表 2-10 盐碱化草原土壤养分分级标准

养分等级	有机质含量/（g/kg）	植被种类	植被覆盖情况
高等	>30	星星草、羊草	植被较多
中等	20 ~ 30	星星草	植被较少
低等	<20	—	无植被（碱斑地）

盐渍土的科学改良和合理开发利用是以盐渍土宜林、宜草性质及盐碱化程度的科学分类为依据的。为此，根据土壤 pH 值、有机质含量和水溶性总盐量，对盐碱化草原土壤酸碱度、养分状况和盐分总量进行综合分类，土壤 pH 值与水溶性总盐量都是从重度盐渍土到轻度盐渍土逐渐递减的，有机质含量则是从重度盐渍土到轻度盐渍土逐渐递增的，这与地表生长的植被种类、覆盖情况和植被生长状况相一致，见表 2-11。

表 2-11　盐碱化草原盐渍土的分级结果

盐渍土	pH 值	有机质含量/（g/kg）	总盐量/（g/kg）	植被种类	植被覆盖情况
重度盐渍土	8.86 ~ 10.48	9.5 ~ 17.1	3.7 ~ 7.6	—	基本无植被
中度盐渍土	7.81 ~ 8.46	22.3 ~ 28.5	2.0 ~ 2.8	星星草	有少量植被
轻度盐渍土	7.39 ~ 7.78	31.6 ~ 59.2	1.1 ~ 1.8	星星草、羊草	植被较多

二、草地退化程度的分级

草地退化是指天然草地在干旱、风沙、水蚀、盐碱、内涝、地下水位变化等不利自然因素的影响下，或过度放牧与割草等不合理利用，或滥挖、滥割、樵采破坏草地植被，引起草地生态环境恶化，草地牧草生物产量降低，品质下降，草地利用性能降低，甚至失去利用价值的过程。草地退化程度的分级与分级指标见表 2-12。

表 2-12　草地退化程度的分级与分级指标

监测项目			草地退化程度分级			
			未退化	轻度退化	中度退化	重度退化
必须监测项目	植物群落特征	总覆盖度相对百分数的减少率/%	0 ~ 10	11 ~ 20	21 ~ 30	>30
		草原高度相对百分数的降低率/%	0 ~ 10	11 ~ 20	21 ~ 50	>50
	群落植物组成结构	优势种牧草综合算术优势度相对百分数的减少率/%	0 ~ 10	11 ~ 20	21 ~ 40	>40
		可食草种个体数相对百分数的减少率/%	0 ~ 10	11 ~ 20	21 ~ 40	>40

续表

监测项目			草地退化程度分级			
			未退化	轻度退化	中度退化	重度退化
必须监测项目	指示植物	不可食草与毒害草个体数相对百分数的增加率/%	0～10	11～20	21～40	>40
		草地退化指示植物种个体数相对百分数的增加率/%	0～10	11～20	21～30	>30
		草地沙化指示植物种个体数相对百分数的增加率/%	0～10	11～20	21～30	>30
		草地盐渍化指示植物种个体数相对百分数的增加率/%	0～10	11～20	21～30	>30
	地上部产草量	总产草量相对百分数的减少率/%	0～10	11～20	21～50	>50
		可食草产量相对百分数的减少率/%	0～10	11～20	21～50	>50
		不可食草与毒害草产量相对百分数的增加率/%	0～10	11～20	21～50	>50
	土壤养分	0～20 cm 土层有机质含量相对百分数的减少率/%	0～10	11～20	21～40	>40
辅助监测项目	地表特征	浮沙堆积占草地面积相对百分数的增加率/%	0～10	11～20	21～30	>30
		土壤侵蚀模数相对百分数的增加率/%	0～10	11～20	21～30	>30
		鼠洞面积占草地面积相对百分数的增加率/%	0～10	11～20	21～50	>50
	土壤理化性质	0～20 cm 土层土壤容重相对百分数的增加率/%	0～10	11～20	21～30	>30
	土壤养分	0～20 cm 土层全氮含量相对百分数的减少率/%	0～10	11～20	21～25	>25

注：监测已达鼠害防治标准的草地，须将"鼠洞面积占草地面积相对百分数的增加率"指标列入必须监测项目。

三、盐碱化草原土壤评价

根据土壤分级结果，以土壤 pH 值、有机质含量和水溶性总盐量为指标，结合地面植被状况对安达盐碱化草原的宜草性进行评价，结果如下：重度盐渍土：20 个样方内土壤 pH 值 8.86～10.48，属于极强碱性土壤；有机质含量 9.5～17.1 g/kg，土壤养分等级属于低等，养分含量很低；水溶性总盐量 3.7～7.6 g/kg，基本无植被生长，宜草性差，改良利用难度较大。中度盐渍土：20 个样方内土壤 pH 值 7.81～8.46，属于强碱性土壤；有机质含量 22.3～28.5 g/kg，土壤养分等级属于中等，养分含量较高；水溶性总盐量 2.0～2.8 g/kg，植被有耐盐碱的星星草，但数量较少，具有一定的宜草性，经科学方法改良就能开发利用。轻度盐渍土：20 个样方内土壤 pH 值 7.39～7.78，属于碱性土壤；有机质含量 31.6～59.2 g/kg，土壤养分等级属于高等，养分含量很高；水溶性总盐量 1.1～1.8 g/kg，生有较多的星星草和羊草，宜草性较好，适度改良即可作为安达地区的农牧业用地。

第三节　土地盐碱化遥感监测研究

一、研究区概述

（一）基本概况

安达市位于黑龙江省西南部，松嫩平原中部，地理位置在东经 124°53′～125°55′，北纬 46°01′～47°01′，属于北温带大陆性半干旱季风气候，年平均气温（36 年数据统计）为 3.2℃，是全省西部典型干旱地区。安达市东部与兰西县、青冈县接壤，南距哈尔滨市 120 km，西距大庆市 30 km。安达地域轮廓近似三角洲，北宽南窄，东西界距最宽处为 60.7 km，南北界距最长处为 96.1 km。全市面积 35.86 万 hm²，占黑龙江省总面积的 0.76%。其中耕地面积 12.82 万 hm²，占全市面积的 35.75%；草原 16.77 万 hm²，占全市面积的 46.77%；林地 1.14 万 hm²，占全市面积的 3.18%；水域 2.50 万 hm²，占全市面积的 6.97%，其他用地 2.63 万 hm²，占全市面积的 7.33%。安达市辖 13 镇（安达镇、任民镇、升平镇、万宝山镇、羊草镇、中本镇、太平庄镇、老虎岗镇、昌德镇、吉星岗镇、古大湖镇、卧里屯镇、火石山镇)、1乡(先源乡)、4个街道办事处(铁西街道办事处、安虹街道办事处、新兴街道办事处、东城街道办事处)。安达草原属世界三大优质草原之一,年产优质牧草2亿kg,植被构成以驰名中外的羊草为主,羊草是亚洲东部特有的建群植物种,素有"世界明珠"之称,其粗蛋白含量比国内、国外同类型牧草高出2%~3%,用该草饲喂的奶牛生长快、产奶量高、乳脂率高,大量出口日本、韩国等国家。境内石油、天然气、地热资源比较丰富,石油储量5000多万t,天然气储量262亿m^3,升平镇内有地热资源,地下水温为90℃。

(二)地质地貌条件

地形地貌虽然总体平坦,但局部微地形起伏大,其坡度、坡向的不同导致表层岩性物化指标的差异,坡度大、坡向一致的盐碱化程度轻,反之则重,形成局部盐碱化分布区。总体上,安达市处于松嫩平原中部,地形呈四周高、中间略低的格局,形成径流闭流区,盐随水来,水去盐存,没有通畅的地表径流条件,使盐碱化程度高(地质环境的影响,地下水潜水位埋藏浅,向下无越流补给,水质含盐,地水径流滞缓,地下潜水易通过蒸发排泄,使潜水中的盐分返到地表,形成盐碱化土)。气候影响因素比较突出,该市蒸发量大于降水量,降水集中在6~9月且降水量低于全省平均水平,春秋季风大干旱,日照时间长,易携带土体中的水分使表层土盐碱富集。

人文活动改变了自然环境。安达市原以牧业为主,农田较少,人口较少,随着社会的发展,人口增多,农田面积扩大,但农、牧业各占一半,生态环境发生了变化。20世纪60年代后,草原载畜量猛增,打草次数增多,使草原退化。在岗平地上,植被变矮,产草量由1.5×10^5~3.0×10^5 kg/km^{2}干草降为7.5×10^4~1.5×10^5 kg/km^2。草原退化使风蚀加重,肥力降低。在洼地上,排水不良、过度放牧使草种变更,加重了盐碱化程度,草原退化使每年盐碱化土地增加1.07 km^2。

全年平均气温3.3℃,无霜期141 d,日照2849 h,年降水量428.7 mm,其中6~9月降水350.7 mm,蒸发量1624 mm,最高达1990 mm,为多风干旱大陆性季风气候,境内无山岭河流,只有漫岗和沼泡,地势平坦,海拔134~212 m,地面坡降为 1/300 ~ 1/1 000，径流量为 1 399 万 m³，径流深度在 25 mm 以上，西部为 0，径流深度零线基本上沿安达—青冈及安达—大同公路贯穿全境。其地貌单元为冲、湖积沙质低平原和淤泥质低平原，东部地区有冲、湖积黏土高平原。地层主要有第四系黄土状亚黏土，分布在高、低平原的顶部，厚 5 ~ 15 m，在其下有 3 ~ 10 m 的细沙。亚黏土分布在低平原中下部和高平原下部，厚 5 ~ 15 m。中粗沙分布在低平原下部。在第四系松散岩类之下埋藏有前第四系泥岩、粉沙岩、沙砾岩，总厚度超过 8 000 m。富水性分区属于松嫩平原富水亚区，第四系中埋藏有潜水和承压水。第四系潜水主要分布在黄褐色粉细沙中，上覆 2 ~ 10 m 的黄土状亚黏土，西部潜水局部直接出露于地表，含水层厚 3 ~ 10 m，潜水位埋深丰水期 1 ~ 4 m，枯水期 3 ~ 6 m，水化学类型为 HCO_3–Na 及 Cl–Na 型。其主要接受大气降水的直接渗透补给，以蒸发和人工开采排泄。承压水分布全市，贮存于第四系上中更新统冲积沙砾石孔隙中，水量丰富，水质好，一般顶板埋深 5 ~ 20 m，局部达 30 m。单井涌水量 30 ~ 80 m³/h，目前实际开采量占地下水总补给量的 25%。水化学类型为 HCO_3–Ca·Mg 型。第四系松散岩类孔隙承压水对盐碱化地质灾害改造起重要作用，而潜水对盐碱化地质灾害有着重要影响。

（三）土壤与植被

1.土壤

安达地区是一片较平坦的地区，地表广泛发育着草甸黑钙土，有机质含量 4% ~ 8%，腐殖质组成以胡敏酸为主，交换性盐基离子以钙、镁为主，属盐基饱和土壤，除腐殖质层近于中性外，其他各层为微碱性，pH 值 8.0 ~ 8.5，质地适中，结构良好，是仅次于黑土的宜农土壤，特别适于羊草生长。地带性土壤有草甸黑钙土，低平地有石灰性草甸土、苏打草甸盐土、苏打草甸碱土，盐化和碱化草甸土呈复区分布。植被种类主要是羊草，其次是碱茅（*Puccinellia distans* L.）、角碱蓬（*Suaeda corniculata* Bunge）和盐蒿（*Artemisia halodendron* Turcz.）等。

2.植被

安达市植被构成以羊草［*Leymus chinensis*（Trin.ex Bunge）Tzvelev］为主，是亚洲东部特有的建群植物种。和整个松嫩平原一样，安达市亦面临着严重的土地盐碱化问题。目前盐碱地面积达 15.70 万 hm²，占土地总面积的 43.7%，其中轻度盐碱化土地为 27.8%（碱斑率 30%），中度盐碱化土地为 13.7%（碱斑率 30%~50%），重度盐碱化土地为 58.5%（碱斑率＞50%）。自 20 世纪下半叶以来，安达市的农牧业有了很大的发展，人口也成倍增长。由于水、土、生物资源被过量开发、利用以及气候日趋干旱化，土地盐碱化发展迅速，生态环境受到严重破坏。特别是近年来，由于大力发展养殖业，超载过牧现象十分普遍，引起草地加速退化和盐碱化。因此，针对土地盐碱化问题开展研究，遏制土地退化趋势，对区域内生态环境的建设和农牧业持续发展具有重要意义。对安达地区有关土地盐碱化问题的研究较多，但研究地区大多集中在吉林省西部以通榆、前郭尔罗斯、长岭、大安、白城等为主的市（县），有关安达市盐碱化土地的研究，特别对该区土地碱化后土壤基本物理性质研究的报道还不多见。

二、基于 3S 技术的土地盐碱化研究

（一）3S 技术简述

"3S" 是指由 GPS（全球定位系统）、GIS（地理信息系统）、RS（遥感）构成的一个对地观测、处理、分析、制图系统。中国工程院、中国科学院院士李德仁教授还提出过 "5S" 概念，是在已有 3S 的基础上加入 ES（专家系统）和 DPS（数字摄影测量系统）。毫无疑问，全站仪、电子罗盘、惯性测量系统等都是一定条件下采集空间数据的有效手段。因此，对于 3S 的理解必须建立在广义的基础上，包括 GPS 在内的一切定位、估测手段和多平台、多波段、高分辨率的 RS 数据，通过含有 ES 系统的 GIS，实现空间数据的自动采集、编辑、管理、分析、制图，进而为一切与地学科学相关的行业服务，实现地学信息的实时、自动、数字、智能化的应用，为各行业的预测和决策服务。因此，3S 成为一个大系统。显然，这个目标上的 3S 尚在实验当中，目前 RS 与 GPS、RS 与 GIS、GIS 与 GPS 的两

两集成已有多个成功的先例。3S 在资源与环境调查、监测、评价中，在重大自然灾害监测、预警、评估、消灭对策制定中，在对城市及经济技术开发区规划、开发、管理、评价中，在现代化军事作战指挥系统中，都有着广阔的应用前景。

（二）遥感的概述

1.定义

遥感（remote sensing，RS）作为一门综合技术，是美国学者 Evelvn L. Pruitt 于 1960 年提出来的。顾名思义，就是遥远地感知，即传说中的"千里眼""顺风耳"。人类通过大量的实践发现地球上每一个物体都在不停地吸收、发射和反射信息和能量，其中有一种人类已经认识到的形式——电磁波，并且发现不同物体的电磁波特性是不同的。遥感就是根据这个原理来探测地表物体对电磁波的反射和其发射的电磁波，从而提取这些物体的信息，完成远距离识别的。

2.分类

（1）从现实意义看，一般我们把遥感分为广义遥感和狭义遥感。广义遥感是指通过任何不接触被观测物体的手段来获取信息的过程和方法。狭义遥感是指在高空和外层空间上，运用各种传感器（摄影仪、扫描仪和雷达）获取地表电磁波信息，通过分析、研究，揭示地物的特征性质及变化的综合性探测技术。

（2）遥感技术依其遥感仪器所选用的波谱性质可分为电磁波遥感技术、声呐遥感技术和物理场（如重力和磁力场）遥感技术。

（3）遥感技术按照感测目标的能源作用可分为主动式遥感技术和被动式遥感技术。

（4）遥感技术按照记录信息的表现形式可分为图像方式和非图像方式。

（5）遥感技术按照遥感器使用的平台可分为航天遥感技术、航空遥感技术和地面遥感技术。

（6）遥感技术按照其应用领域可分为地球资源遥感技术、环境遥感技术、气象遥感技术和海洋遥感技术等。

3.常用的遥感数据

常用的遥感数据包括美国陆地卫星（Landsat）TM 和 MSS 遥感数据，法国 SPOT 卫星遥感数据，加拿大 Radarsat 雷达遥感数据和 Modis 数据。

遥感技术的实际操作虽然很复杂，但其结果在我们每个人的生活中天天都能用到。"天气预报"中所播放的卫星气象云图就是由气象卫星拍摄的云的图像。气象观测只不过是遥感技术众多应用领域中的一个。

各种卫星通过不同的遥感技术实现不同的用途，如气象卫星用于气象的观测预报；海洋水色卫星用于海洋观测；陆地资源卫星用于陆地上所有土地、森林、河流、矿产、环境资源等的观测；雷达卫星是以全天候（不管阴天、雾天）、全天时（不管黑天、白天）以及能穿透一些地物（如水体、植被及土地等）为特点的对地观测的遥感卫星。

遥感技术使用的负载工具不仅仅是卫星，还可以是航天飞机、飞机、气球、航模飞机、汽车、三脚架等，从而实现了在不同高度上应用遥感技术，使之为不同的工作目的服务。目前最常用的是卫星遥感技术和航空遥感技术。

（三）遥感技术的主要特点

1.可获取大范围数据资料

遥感用航摄飞机飞行高度为 10 km 左右,陆地卫星的卫星轨道高度达 910 km,可及时获取大范围的信息。例如，一张陆地卫星图像,其覆盖面积可超过 3 万 km²。这种展示宏观景象的图像，对地球资源和环境分析极为重要。

2.获取信息的速度快，周期短

由于卫星围绕地球运转，从而能及时获取所经地区的各种自然现象的最新资料，以便更新原有资料，或根据新旧资料变化进行动态监测，这是人工实地测量和航空摄影测量无法比拟的。例如，陆地卫星 4 号、5 号，每 16 d 可覆盖地球一遍，NOAA（美国国家海洋和大气管理局）气象卫星每天能收到 2 次图像。Meteosat 每 30 min 可获得同一地区的图像。

3.获取信息受条件限制少

地球上有很多地方自然条件极为恶劣，人类难以到达，如沙漠、沼泽、高山峻岭等。采用不受地面条件限制的遥感技术，特别是航天遥感技术可方便及时地获取各种宝贵资料。

4.获取信息的手段多，信息量大

根据不同的任务，遥感技术可选用不同波段和遥感仪器来获取信息。例如，可采用可见光探测物体，也可采用紫外线、红外线和微波探测物体。利用不同波段对物体不同的穿透性，还可获取地物内部信息。例如，地面深层、水的下层、冰层下的水体、沙漠下面的地物特性等，微波波段还可以全天候工作。

遥感技术所获取信息量极大，其处理手段是人力难以胜任的。例如，Landsat卫星的 TM 图像，一幅覆盖 185 km×185 km 地面面积、像元空间分辨率为 30 m、像元光谱分辨率为 28 位的图像，其数据量约为 6 000×6 000=36 MB。若将 6 个波段全部送入计算机，其数据量为 36 MB×6=216 MB。为了提高对这样庞大数据的处理速度，遥感数字图像技术随之迅速发展。

目前，遥感技术已广泛应用于农业、林业、地质、海洋、气象、水文、军事、环保等领域。在未来的十年中，预计遥感技术将步入一个能快速、及时提供多种对地观测数据的新阶段。遥感图像的空间分辨率、光谱分辨率和时间分辨率都会有极大的提高。随着空间技术发展，尤其是地理信息系统和全球定位系统技术的发展及相互渗透，其应用领域会越来越广泛。

（四）遥感技术在环境中的应用

自 1972 年美国发射第一颗地球资源卫星，使得遥感技术逐步由实验向实用化方向发展。20 世纪 80 年代以后，以 Landsat、SPOT 卫星等为主体组成的航天遥感系统正在不断地收集着地球表面及其空域的各种信息。这些影像信息革新了人类认识自然地理环境的观念和方法。空间遥感技术作为人类一种崭新的认识自然、探索自然的现代化工具，是信息更新手段之一。它具有探测范围大，数据更新快，信息具有全球性、完整性和周期性，收集资料不受时间地形限制等特点。

遥感技术已经被广泛应用于土地资源调查、环境监测、测绘、城乡规划、农业生产和军事侦察等各个方面。目前，遥感技术正在向"多尺度、多频率、全天候、高精度、高效快速"的目标发展。在生态环境相关研究中，遥感技术主要用于土地资源、环境变化和评价研究过程中，是生态状况评价的重要信息源。土地利用动态变化是生态环境变化的主要因素之一，也是生态环境研究的着手点。利用遥感图像开展土地利用制图具有许多优点：

（1）遥感资料的综合性因素有利于土地覆盖与类型的分析和划分；

（2）土地覆盖因素在图像上都有明显的表征，选用最佳时相的图像可提取更多的地物类型，从而提高土地利用类型的制图精度；

（3）利用遥感资料能缩短野外土地利用调查研究和室内分析成图的周期，并减少费用，成本低。

20世纪70年代以后，卫星遥感技术在资源调查、监测中发挥了重要的作用，为区域资源系统空间信息的定位研究、资源动态的连续快速监测和结构、功能的定量综合分析提供了强有力的技术支撑。进入90年代以后，全球变化研究成为国际研究热点，对遥感技术的发展提出了新的挑战。资源遥感迈进了全球变化研究的新阶段，形成了一个从地面到空中乃至空间，从信息数据收集、处理到判读分析和应用，对全球进行探测和监测的多层次、多视角、多领域的立体观测体系，成为获取地球资源与环境信息的重要手段。目前遥感技术在环境中的应用主要包括水土流失动态监测、土地利用变化监测、海洋环境遥感监测、自然灾害及生物量估测、环境污染监测等方面。

（五）TM数据简介

美国陆地卫星（Landsat）计划从1972年以来共发射7颗卫星，它们分别命名为陆地卫星1至陆地卫星7，其中陆地卫星6发射失败。在这些卫星中包含了五种类型的传感器。它们是反束光摄像机（RBV）、多光谱扫描仪（MSS）、专题成像仪（TM）、增强专题成像仪（ETM）以及增强专题成像仪+（ETM+）。其中陆地卫星4、陆地卫星5上装载有TM。TM是一种非常高级的传感器，和MSS相比，它在光谱、辐射、几何设计上都有很多改进。在光谱特征上，TM能在7个波段而不是4个波段上获取数据，增强了主要地表特征的光谱可辨性；在辐射特征上，TM 在 256 个数字范围内进行模拟信号与数字信号的转换，和以前的 MSS 相比，TM 的灰阶增大了 4 倍，因而，在 MSS 上一个不为人知的辐射差异可以在 TM 数据中辨别出来；在几何特征上，TM 的地面分辨率为 30 m，地面分辨率单元面积大约降低至 MSS 的 1/7。其数据统计如表 2-13 所示。

表 2-13　TM 数据波段特征

传感器	陆地卫星	波谱特征/μm	空间分辨率/m
TM	4，5	0.45～0.52	30
		0.52～0.60	30
		0.63～0.69	30
		0.76～0.90	30
		1.55～1.75	30
		2.08～2.35	30
		10.40～12.50	120

三、数据处理及分析

（一）数据来源

本书研究采用的数据源分遥感信息源和非遥感信息源两种。遥感信息源选取中国遥感卫星地面站接收的美国 Landsat 卫星的 TM 影像数据。根据项目研究的内容、地表景观的季相差异及 TM 卫星影像的质量，选取了两个时段（1995 年和 2000 年）的 TM、ETM+影像数据（表 2-14），共四景，各景影像的云覆盖率均小于 5%。

表 2-14　遥感解译信息数据源一览表

时间段 1	时间段 2	备注
1995.10.28	2000.09.13	数据来源于中国科学院遥感地面站段。卫星图像分辨率 30 m×30 m，均无云。

非遥感信息源主要包括行政区划图、土地利用图、土壤类型图、地貌分区图、水文地质图、地形图等，以及野外考察资料和数据等，详见表 2-15。

表 2-15   非遥感信息数据源一览表

数据类型	时间段	比例尺
行政区划图(电子版)	20 世纪 90 年代中	1:25 万
土地利用图	20 世纪 90 年代初	1:50 万
土壤类型图	1982 年	1:100 万
地貌分区图	20 世纪 70 年代	1:100 万
水文地质图	20 世纪 90 年代	1:25 万
地形图	20 世纪 60 年代	1:10 万
野外考察资料	1997—2003 年	

（二）数据的预处理

1.投影变换与几何校正

对非遥感信息源的各类专题图件进行扫描、矢量化、编辑、拓扑、编码等处理，生成"coverage"文件，然后采用圆锥等面积投影方式建立统一的坐标系统，以此作为生态环境特征遥感解译的辅助资料。

以 1:25 万的基础地下数据为基准，以圆锥等面积投影建立地理坐标系统。首先采用三次多项式及最近邻域插值法对 2000 年的各景 TM 影像进行几何校正，校正时，在每幅影像中选取十多个明显地物点作为控制点，这些明显控制点包括河流的分岔点、河流与道路的交叉点、水库湖泊中的明显而固定的转拐点等。经检验，配准误差不到一个像元。然后再以 2000 年 TM 影像的校正影像为基准，采用影像对影像方式分别校正 1995 年和 2000 年两个时期的 TM 影像。

选择控制点时主要遵循以下原则：第一，控制点尽可能均匀地分布在重叠区域内；第二，尽可能地选择线条轮廓清晰地物的交叉点或拐点，如河流、湖泊、公路、铁路等线条比较明显的地物；第三，开始三个控制点的选择一定要十分精确，从第四个控制点开始，系统会根据已经接收的几何校正控制点（geometric correction point，GCP）自动计算此点的位置，并显示在两幅待镶嵌的图像上和 GCP 编辑栏中。由于肉眼识别能力有限，GCP 的选择会有一定的误差，误差大小控制在一个像元（30 m）以内。对于误差大于 1 个像元的 GCP 则需进行调整，直至其小于 1 个像元。

同时，将非遥感信息源的图件，采用数字化仪或扫描–矢量化方式输入 Arc/Info 系统，经编辑、拓扑、编码和投影处理，并将其地理坐标同校正后的 TM 影像的地理坐标相统一。

2.遥感影像的增强

遥感影像中用于分类的各方面的信息称为特征，最简单的特征就是在各个波段中像元的灰度值。然而由于地物的光谱特征不仅受到大气和地形等多种因素影响，而且各个波段之间还存在较高的关联性，从而导致对重复数据的无效分析，因而单靠各波段的灰度值经常得不到较满意的分类结果。此外，从遥感影像上衍生出来的其他特征，也可以为遥感的分类提供非常有用的信息。因此，在进行遥感影像分类时，常常首先对遥感影像进行增强处理，从中提取尽可能多的有用信息。遥感影像增强处理包括一系列技术手段，其目的是改善影像的视觉效果，或者将影像转换为一种更利于人或机器进行分析的形式，从而简化信息提取，增强信息提取的准确性和有效性。常用的影像增强处理方法有以下两种。

波段比值：波段比值是最早的遥感影像增强处理方法之一，它能够消除地形因素（如坡向和坡度）引起的地物反射光谱的空间变异，增强植被和土壤辐射的差异。

主成分分析：由于地形因素的差异，以及各波段光谱本身的叠加，导致各个波段之间高度的线性相关。如果只对原始的波段数据进行分析处理，势必造成重复处理，从而浪费人力和物力。主成分分析通过降低空间维数，在数据信息损失最低的前提下，消除或者减少波段数据的重复，即降低波段间的相关性，同时还能加快计算机分类的速度。

笔者首先对原始波段数据进行线性转换生成亮度、绿度和湿度图像，然后利用这三个分量对该研究区的植被类型进行分类，达到了比较满意的分类效果。

（三）安达盐碱土、水域信息的提取与分析

在目视判读、目标地物光谱分析的基础上，采用基于光谱特征的非监督分类方法提取安达的盐碱土和水域信息。首先依据 TM 影像的成像规律、盐碱土的光谱特征和地理空间分布特征，结合土地利用图、地貌图、土壤图以及野外的 GPS 定位考察资料，建立研究区相应地物的影像判读标志。在 ERDAS IMAGINE 软件支持下对 TM 影像进行几何校正，并采用主成分分析、主成分逆变换等方法进行影像的增强处理。然后，利用最大似然法对增强后遥感影像进行非监督分类。盐碱土和水域信息提取流程如图 2-1 所示。

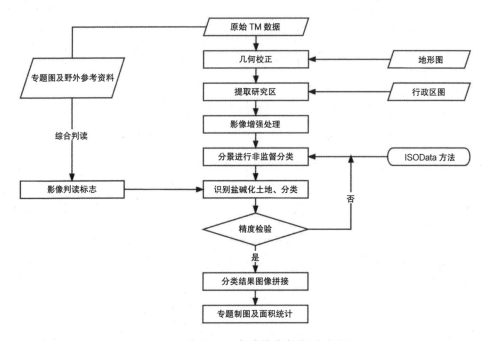

图 2-1　盐碱土和水域信息提取流程图

将影像的非监督分类的结果图与原始影像相比较，我们提取的水域信息与目视判读结果基本一致。而在所提取的盐碱土信息中混杂有少量居民点信息，但不影响盐碱土信息的提取。采用混淆造成矩阵法对分类结果精度和判别函数的效能进行评价，反映盐碱地的识别总体分类精度的 $\sum P_{ij}$ 为 92.7%。提取的信息识别精度可以满足研究工作的要求。根据反映盐碱化严重程度的碱斑率与遥感影像亮度之间的关系，按碱斑率大小将盐碱土划分为三级：碱斑率小于 30% 的为轻度盐碱土，碱斑率在 30% ~ 60% 的为中度盐碱土，碱斑率大于 60% 的为重度盐碱土。

利用 ERDAS IMAGINE 软件提供的 Clump 和 Sieve 功能对从遥感影像中解译出的结果图像进行过滤、归并等后处理，消除小于 2×2 的像元地块，再把各时段的影像分类结果镶嵌成完整的工作区图，并以行政区界线的 AOI 文件裁剪出各县市盐碱土解译出的影像图。经过一系列的处理过程，最后利用 ERDAS IMAGINE 软件系统中的面积量算功能对所提取的目标信息进行面积统计，即可得到工作区内三个时段的轻、中、重度盐碱土和水域的信息。

1.盐碱土动态变化分析

我们用自动分类和面积测算的方法获取两个时段安达地区盐碱土的面积，为了区分盐碱化程度的不同和土地盐碱化的发展趋势，我们以单位面积上出现碱斑的百分比为标准，把盐碱土划分为三类，即轻盐碱土、中盐碱土、重盐碱土，其碱斑出现的百分比分别为小于 30%、30%～60%和大于 60%。安达地区两个时段盐碱土面积的统计结果见表 2-16。

表 2-16　安达地区两个时段盐碱土面积统计表

类型	1995 年面积/hm^2	2000 年面积/hm^2
水域	18 891.99	25 500.33
轻盐碱土	28 962.9	41 740.11
中盐碱土	33 984.63	42 950.34
重盐碱土	24 882.93	43 326.9
盐碱土总面积	87 830.46	128 017.35
安达市总面积	719 637.48	719 637.48

通过表 2-16 的分析可以看出，两个时段安达的盐碱土总面积分别为 87 830.46 hm^2、128 017.35 hm^2，总面积均为 719 637.48 hm^2，盐碱土分别占 12.20% 和 17.19%。盐碱土总面积在不断扩大，至 2000 年，全区约有 1/5 的土地发生不同程度的盐碱化。其中，轻度盐碱土两个时段在总盐碱土面积中所占的比例分别为 32.98% 和 32.61%，表明轻度盐碱土在总盐碱土面积构成中比例趋于稳定；中度盐碱土的比例分别为 38.69% 和 48.90%，表明其比例在稳定中略有上升；重度盐碱土的比例变化也处于上升状态，两个时段分别为 28.33% 和 33.84%，说明安达地区整个区域的盐碱化程度在向重度盐碱化方向发展。

分析其主要原因，与气候、地表植被覆盖及森林面积减少等因素密切相关。安达地区降水量少，蒸发量大，随着近年来的全球变暖趋势，蒸降比例也加大，促进了本地区的干旱，影响植被覆盖，同时地表植被和森林覆盖的人为破坏，更影响了区域气候，加速了水域减少和盐碱增长。与地形因素、地貌因素及成土母质紧密相关。从 1995 年与 2000 年盐碱化图像上可以看出水域面积的变化，北部成片水域面积增加，但是分散区域减小，与此同时，轻、中、重度盐碱化区域面积都处于上升趋势，特别是重度盐碱化面积增速较大，盐碱化产生的原因，一方面与水域面积减小等自然因素导致的干旱有直接关系，另一方面与人为因素有关。土壤盐碱化的基本原因在于地下水位过高和蒸发过旺。盐碱是通过尽水的溶解带来的，又可以通过灌溉或压减排除出去。只要有较完整的排水系统，合理进行排灌，控制或降低地下水位，并做好田间管理，改进耕作技术，减少蒸发，就可以控制水盐运动，变害为利，因地制宜、全面规划，治标与治本相结合，当前与长远相结合，水利措施与农业措施相结合，做到有灌有排，灌排畅通。

2.水域动态变化分析

从 1995 年及 2000 年水域及盐碱土面积变化可以看出，大面积水域在变小，水域分布范围在扩大。就西北部来说，水域面积从 1995 年至 2000 年变小，分析原因可能是降水量减小，蒸发量变大，导致水域斑块呈破碎化分布。

3.盐碱土形成和发展规律的分析

安达地区发生土壤盐碱化的技术和社会经济因素纷繁复杂，其根源就是人类不合理利用的行为。这些不合理利用的行为直接表现为不科学的技术措施，不科学技术措施的使用涉及不完善的管理体系以及宏观政策的失误等。由于农村实行土地联产承包责任制以及缺乏相应的管理措施，再加上干旱引起的地下水位下降，使人们对次生盐碱化发生的警惕性放松，导致排水设施破坏，整体上土地盐碱化的危险性增加。在大力发展生产的同时，不注意排灌工程的配套、用水的管理和调节，土地盐碱化面积仍在不断扩大。

安达地区盐碱地分布面积广、发展快，认真分析 TM 影像图及解译图件，可以得出以下规律：

（1）盐碱地主要分布于低平原、河流低阶地及湖积平原等地貌单元。

（2）沿河道、河流洪泛区呈带状分布，大片裸露的盐碱光板地，盐碱化严重。

（3）沿沙地、沙垄、垄间洼地呈环状分布。从整体的解译图上可以清晰地看出，盐碱土分布与沙垄走向一致，经实地考察发现，盐碱土多分布于沙垄的垄间洼地、汇水区、水泡四周。此类地区虽盐碱化程度加重，但盐碱土扩张有限。

（4）安达周边地区又比较低洼，排水不畅，使该区洗盐作用受阻而积盐作用占主导，从而形成该区的盐碱化发展。安达地区东北部盐碱化主要集中在这一地区，西南侧也较为突出。

（5）从1995年到2000年，安达地区的盐碱土面积上有较大扩张，盐碱化程度加剧，体现为重盐碱土占总盐碱土的比重大幅提高。

（6）轻度盐碱土在总盐碱土面积构成中比例趋于稳定，中度盐碱土的比例稳定中略有上升，重度盐碱土的比例变化也处于上升状态，安达地区整个区域的盐碱化程度在向重度盐碱化方向发展。

4.盐碱土发展的驱动因素分析

安达地区土地盐碱化的迅速发展很大程度上受人为因素影响。

（1）草地的退化是盐碱化发展的一个主要原因，应采取草场禁牧、以草定牧、合理轮牧以及舍饲等积极措施遏制草地退化。

（2）安达土地盐碱化发展形势严峻，应采取多种工程措施和技术手段对盐碱化进行治理，加强盐碱化土的恢复速度和抗干扰能力。

（3）安达周边一带比较低洼，排水不畅，使该区洗盐作用受阻而积盐作用占主导，从而形成该区的盐碱化发展，安达地区东北部盐碱化主要集中在这一地区，西南侧也较为突出。

（4）从盐碱化程度来看，安达地区盐碱化发展速度较快，重度盐碱土的发展速度远远大于轻、中度盐碱土的发展速度，说明盐碱化程度在不断加重。同时也表明治理轻、中度盐碱土的成效要明显优于重度盐碱土。

第三章　盐碱化草原改良方法研究

第一节　研究区概况与改良方案

一、试验区自然概况

（一）安达试验区

安达市万宝山镇位于黑龙江省松嫩平原中部地区，属松花江流域，地处北纬46°22′，东经125°11′，属于中温带半干旱季风气候区。一般地面高程在140 m左右，自然坡降在1/3 000～1/5 000，呈缓坡状大平原，局部地貌分布有起伏的沙丘、湖泊沼泽湿地、盐碱低洼地等，构成了本地区地形地貌的基本特征。大面积地区为冲洪积湖积低平原，局部为冲积洪积河漫滩、风积沙丘地貌。受内陆及海上高低气压和季风交替影响，冬季漫长、寒冷、干燥，多西北风；夏季短促、温暖、雨热同期，多南风；春秋两季为过渡期，时间短。春季多风干燥少雨，秋季晴朗气爽。多年平均气温3.4℃，一月平均气温-19℃，7月平均气温23℃，极端最低气温-39.8℃，极端最高气温39.8℃。无霜期130～145 d，属黑龙江省第一积温带区，季节性大风明显，年平均风速为4.6 m/s。该地区水源缺乏，雨量稀少，降水分布不均，集中在7、8、9月，占全年降水量的80%，年降水量430 mm，年平均蒸发量1 645 mm，年蒸发量是降水量的4倍以上。万宝山镇全镇土地面积328 km²，下辖8个村，总农业人口23 657人，耕地面积为10.3万亩[①]，其中低产田占20%，土质瘦弱坚硬，肥力较差，农作物产量不高，制约了当地农业经济的发展。万宝山镇草原面积18万亩，区域内土地盐碱化程度不同，重度盐碱化草原面积占总面积的35%左右，其余为中、轻度盐碱化草原，属于松嫩平原西部苏打盐碱土地带，盐碱区土壤含盐量达1.12%，平均pH值为9.92。

---

①亩为非法定计量单位，1亩≈667平方米。下文不再换算。

（二）青冈试验区

青冈县地处松嫩平原中部，属于大陆性季风气候，冬季严寒少雪，春季多风干旱，夏季温热多雨，秋季凉爽干燥，四季交替明显。全县共有土地面积 2 684 km²，其中草原总面积 70.64 万亩，占土地总面积的 17.6%；放牧地 39.60 万亩，占草原总面积的 56.1%，采草地面积为 31.04 万亩（包括经济草地 3 000 亩），占草原总面积的 43.9%。青冈县草原开发已有 135 年的历史，草地面积由原来的 104.24 万亩下降到现在的 70.64 万亩，平均每年减少 2 489 亩；草场质量严重下降，草原退化、盐碱化现象非常严重，退化面积已达 32.33 万亩，盐碱化面积达 8.91 万亩，占草原总面积的 58%。盐碱地区的农作物生长和农业发展受到严重制约，粮食产量低，草场严重退化，次生盐碱化日趋严重。试验区属于中度盐碱化草甸土，土壤含盐量达 0.41%，平均 pH 值为 8.9～9.4。

二、研究主要内容及技术方案

（一）研究主要内容

（1）振动深松改土、蓄水保墒技术对土壤水分及物理指标的影响及其关系。

（2）振动深松改土、蓄水保墒技术、生物生化技术等集成对土壤养分、盐分、微生物等指标的影响及其关系。

（3）土壤水盐运动模型的建立及应用。观测试验区内不同土层的含盐量、含水量及其他因子，结合室内试验，建立土壤水盐运移模型，研究深松前后土壤中水分、盐分垂直运动的速度及水盐的相互关系。

（4）单项技术或集成技术对作物和牧草产量的影响效果。

（5）建立黑龙江省不同类型区盐碱化草原改良技术模式。

（二）技术方案

研究重点放在重度盐碱化草原上。在充分了解盐碱土生成机理、准确把握土壤类型及分布状态的基础上，单项技术与技术集成相结合，选择振动深松技术和生物生化土壤改良剂并有机结合，应用于盐碱化草原改良；采用室内模型试验与田间试验相结合，研究深松条件下土壤水盐再分布规律、水盐运动规律、蓄水保墒机理；基础试验与理论计算紧密结合，运用地理统计学对松嫩平原水盐空间变异规律进行研究；根据试验结果，研究提出盐碱化草原的分类治理技术模式，通过生态修复评价方法，全面、系统地评价盐碱化草原改良效果。

　　研究以室内试验和野外观测的试验数据为基础，采用定性分析和定量分析相结合、宏观分析和微观分析相结合、理论研究和应用研究相结合的方法，对试验结果进行分析处理，确定盐碱化草原改良的关键技术和治理措施，建立适合于松嫩平原盐碱化草原的改良技术模式；系统分析深松土壤的蓄保水机理、水盐运动规律及空间变异性，对修复的生态环境进行评价。技术路线如图 3-1 所示。

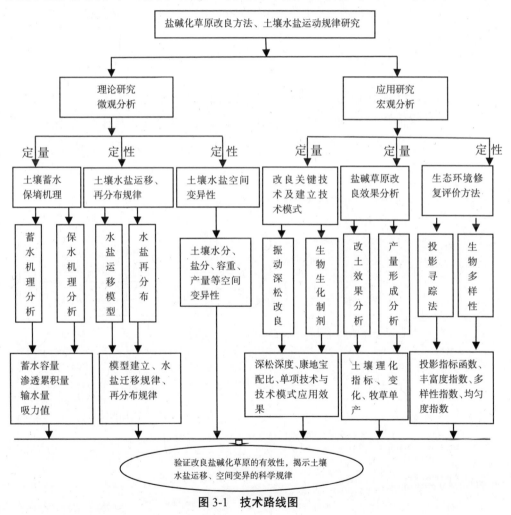

图 3-1　技术路线图

第二节 盐碱化草原改良试验与设计

一、要素筛选试验

（一）青冈试验区

在青冈县柞岗乡立新村进行小区试验。该区属中度盐碱土，研究作物对象主要为紫花苜蓿和大豆，每个试验小区面积为1/10亩，处理方法为振动深松+施生化土壤改良剂+农艺措施，在改良剂用量上主要采用250 g/亩、500 g/亩、750 g/亩、1 000 g/亩。

（二）安达试验区

在安达市万宝山镇选择150亩重度盐碱化草原进行小区试验，分2个试验小区。试验一区面积为80亩，研究作物对象主要为紫花苜蓿，具体布置见图3-2。试验二区面积为70亩，研究作物对象主要为羊草+披碱草，每小区面积为5亩，设7个处理，重复2次，共计14个小区，具体布置见图3-3。各试验区处理方法主要以振动深松为主体技术，辅以施用不同量生化土壤改良剂。

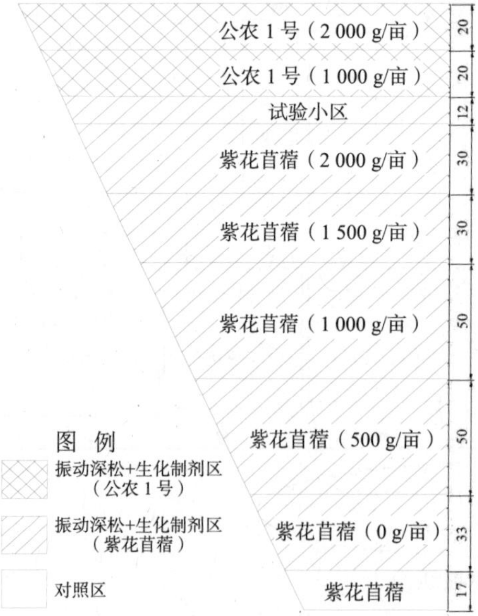

公农1号（2 000 g/亩）	20
公农1号（1 000 g/亩）	20
试验小区	12
紫花苜蓿（2 000 g/亩）	30
紫花苜蓿（1 500 g/亩）	30
紫花苜蓿（1 000 g/亩）	50
紫花苜蓿（500 g/亩）	50
紫花苜蓿（0 g/亩）	33
紫花苜蓿	17

图 例
振动深松+生化制剂区（公农1号）
振动深松+生化制剂区（紫花苜蓿）
对照区

CK	CK
1 500 g/亩	0 g/亩
1 000 g/亩	250 g/亩
750 g/亩	500 g/亩
500 g/亩	750 g/亩
250 g/亩	1 000 g/亩
0 g/亩	1 500 g/亩

□ 振动深松试验区

图 3-2　试验一区80亩平面布置图　　　图 3-3　试验二区70亩平面布置图

二、方案优化试验

试验对象为重度盐碱化草原，在振动深松、混播羊草和星星草条件下寻求康地宝最佳施用量。设振动深松（深松扰动土壤）为 ZS，康地宝使用量 K 为 7 个施用量水平，即 K1、K2、K3、K4、K5、K6、K7 分别为每公顷施 0、3.75 kg、7.50 kg、11.25 kg、15.00 kg、18.75 kg、22.50 kg，振动深松与康地宝组合为 ZSK，重复 3 次，即 1ZSK、2ZSK、3ZSK，1 个对照区为 CK（原状土），共 24 个处理，每个小区面积 0.335 hm²（67 m×50 m），共计 8.04 hm²。试验区耕整地、喷施、混合播种的处理方法均相同，对照区不采取任何人为干预措施，不改变土壤原有结构和植被状况。试验调查内容包括环境因子、植被、土壤物理、土壤化学等。

重复一	重复二	重复三
CK	CK	CK
1ZSK1	2ZSK7	3ZSK1
1ZSK2	2ZSK6	3ZSK2
1ZSK3	2ZSK5	3ZSK3
1ZSK4	2ZSK4	3ZSK4
1ZSK5	2ZSK3	3ZSK5
1ZSK6	2ZSK2	3ZSK6
1ZSK7	2ZSK1	3ZSK7

图 3-4 试验处理布置图

三、验证试验

在青冈县进行验证试验，开展振动深松+施生化土壤改良剂+全面播种、振动深松+适量施生化土壤改良剂+补播、单独振动深松等试验，每个试验区 150 亩。在安达市、青冈县、明水县、肇东市、肇州县、肇源县、富裕县等 7 个市县开展试验验证和中试推广工作。

四、试验及观测内容

（一）田间试验内容

（1）长期监测试验区地下水位、土壤含水量、土壤含盐量，同时进行降水量、蒸发量等常规观测。

（2）土壤物理性质的测定：土壤三相、土壤硬度、田间持水量、田间土壤渗透系数等。

（3）改良前后草原物种和生物量调查（包括牧草产量、根长、株高、覆盖率等）。

（4）农作物产量调查。

（二）室内试验内容

（1）土壤物理性质的测定：土壤田间持水量、饱和含水量、凋萎系数、土壤容重、土壤比重、土壤质地等。

（2）土壤化学性质测定：土壤总盐量、pH 值、Ca^{2+}、Mg^{2+}、Na^+、K^+、CO_3^{2-}、HCO_3^-、SO_4^{2-}、Cl^-、有机质、全磷、全钾、全氮、微生物含量等。

（3）利用土槽开展试验，模拟自然降雨和蒸发条件，监测深松前后土壤水分和盐分运移规律。

（三）观测方法

（1）常规观测方法：降水量利用翻斗雨量计每日 8 时进行观测；蒸发量采用 E601 蒸发皿，每日 8 时进行观测；利用地下水位观测井测量地下水位，每天 8 时观测。各观测项目观测期为每年 5 月 1 日至 10 月 1 日。

（2）土壤含水量：采用重量法测定，每 5 d 称重一次，取样点为试验区和对照区，取土层位为 0 ~ 10 cm、10 ~ 20 cm、20 ~ 40 cm、40 ~ 60 cm，每层取 3 个点。观测期为每年 5 月 1 日至 10 月 1 日。

（3）土壤含盐量：采用意大利哈纳公司生产的土壤原位盐分计，可现场直接测量土壤盐分含量。每 5 d 观测一次，测试点为试验区和对照区，测定层位为 0 ~

10 cm、10 ~ 20 cm、20 ~ 40 cm、40 ~ 60 cm、60 ~ 80 cm、80 ~ 100 cm，每层测 3 个点。遇降水量大于 20 mm 时，加密观测，每 2 d 观测一次，直至下次降雨，测试层位同上。观测期为每年 5 月 1 日至 10 月 1 日。

（四）土壤物理性质测定方法

（1）土壤三相：利用日本产土壤三相仪测定土壤固相、液相、气相，并相应计算出土壤容重、孔隙率等，取样点为深松试验区、对照区，每年测定一次。

（2）土壤硬度：利用中山硬度计进行测定，测定时间及取样点同土壤三相。

（3）田间持水量：室内田间持水量采用容重环法。

（4）土壤 pH 值、八大离子、有机质、全磷、全氮、全钾、微生物、土壤比重、土壤质地等委托黑龙江省水利质量检测中心和黑龙江省农业科学院土壤肥料与环境资源研究所进行测定。中试区土壤 pH 值采用土壤原位 pH 计进行测定。

五、采用的关键技术

（一）工程措施

1.振动深松

振动深松是一项创新型的土壤改良技术，利用 1SZ-210 型振动深松机在 73.5 kW 的拖拉机牵引下振动深松作业（陈鸿德 等，2002），其作业后的效果有三方面：①通过振动深松作业，0 ~ 50 cm 深度土壤碎土率达到 70%以上，改善土壤的物理性状，重新组合土壤团粒结构，调节土壤水、肥、气、热等要素，创造植被根系生长和发育的良好环境；②能够打破土壤板结层，提高土壤通透性（通气、透水）、涵养性（水分、养分），涵蓄天然降水，扩大土壤蓄水容量。较传统的耕整地方法每年可多涵蓄降水 60 mm 左右，相当于增加 2 次灌溉水，为牧草提供生长所需水分；③对盐碱土，通过深松耕作切断土壤上升毛细管，阻断土壤底层盐碱上升通道，防止土壤盐分随水分蒸发向表土层聚集，缓解返盐现象；雨季淋洗作用的调节，改变土壤盐分运动方向，达到脱盐、洗盐的目的。

（1）扩大"土壤水库"库容，提高土壤蓄水保墒能力：土壤水是供给作物生长的主要来源，设法储存天上水，保好土中墒，增加土壤中的自然储水是减少人工灌溉、保证作物高产的重要途径。经测定，在人工灌水 100 mm 的情况下，深松 30 cm 较不深松区多储水 8.6% ~ 30.1%。采用振动深松可将每年夏、秋季降雨有效地储存在土壤中，这些水在冬季被冻结成冰晶，翌年春季以冻融水的形式提供良好的墒情，供给作物吸收，为抗春旱保全苗以及满足作物幼苗生长对水分的要求创造了条件，利用土壤水库实现了"春增墒、防春旱、夏蓄水、抗夏涝"。深松对岗地、洼地治理的作用也十分显著。实践证明，岗地深松可以减少地表径流，控制水土流失。土壤中入渗水可以保证长期、稳定地满足岗上易受干旱威胁作物对水分的需求，从而实现高产稳产。洼地深松可以有效地降低地下水位，加速洼地积聚的致涝雨水下渗，使低洼涝地变成良田。

（2）改善农田土壤的耕层结构：采用深松耕作后，可以打破犁底层，加深耕作层。由于多年沿用传统的平翻地方式在同一深度下进行机械耕作，在农田土壤垂直剖面上形成了明显的层次，上层是耕作层，下面是犁底层，再下面为新土层。耕作层土壤结构性状较好，肥力较高；由于犁底不断地摩擦，常形成厚度一般在 5 ~ 8 cm、湿容重在 1.40 ~ 1.56 g/cm³ 的坚硬犁底层，它的存在既影响通风透水，又影响农作物根系生长；新土层是未经熟化的生土层，通过深松土壤方式，熟化生土层，加厚了耕作层，改善了深层土壤的物理性状。

（3）促使犁底层生土熟化：生土与熟土无论在肥力、物理和化学性质、微生物活动等方面都有极大区别。生土发板、硬，表现为不透水、不透气、缺少微生物，养分少，作物根扎不下去。熟土表现为既透水又透气，微生物多，黏结力较小，作物的根穿插阻力小，扎得深，长得好，把土牢。所以说生土转化为熟土是质变，是提高土地肥力的重要手段。深松是促进生土熟化的有效方法，它是用机械力首先将生土扰动，再经过天然干、湿、冻、融一系列物理过程不断重复作用，使生土的大块变成小块，小块变成团粒，土质逐渐变得松软。振动式深松机只松土不翻土，生土在下，活土在上，促使深层生土变熟，浅层熟土变肥。这样既实现了生土熟化，又避免了将不熟化生土翻至土壤浅层影响作物生长。

（4）提高土壤温度：土壤中颗粒、水分、空气分别以固态、液态、气态的形式存在。它们的热容量各不相同，水的热容量值最大，土壤颗粒次之，空气的热容量值最小。土壤深松前涵蓄水能力差，土壤中水分较少，因而土壤的整体热容量及热传导系数较小，土壤在光照下易升温，且热量损失小；土壤深松后降雨的情况下，入渗的水分使地温下降，但由于深松过的土壤孔隙率较大，雨水入渗较快，当地表水渗入土壤中且有较好日照时，地表温度将会迅速回升。可见，深松可以使农田浅层土壤温度升高。

（5）有利于水土保持：深松可使雨水及时入渗，减少地表径流，控制水土流失。试验结果表明（图 3-5、图 3-6），在降雨强度为 93 mm/h、降雨时间为 1 h 的情况下，深松区径流深为 15.73 mm，较对照区径流深 50.78 mm 减少了 69.02%；深松区泥沙流失量为 7.19 g/m²，较对照区泥沙流失量 66.6 g/m² 减少了 89.20%。由于深松土壤蓄储夏、秋雨水，翌年春仍保持土壤表层湿润、底墒好，可有效地避免刮风引起的土壤流失，对保护黑土地提供了新的技术措施。

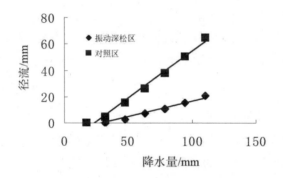

图 3-5　降水量—径流量相关图

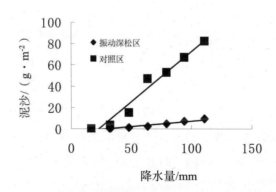

图 3-6　降水量—泥沙量相关图

2.排水网络

修建排水网络，及时有效排除地表渍水和土壤中过剩水分，降低土壤上层滞水位，减少对地下水的补给和地下水的上升蒸发，排出地下水中的盐分，将其控制在不致使土壤继续盐碱化的深度，防止土壤次生盐渍化。

3.防护措施

为预防牲畜进入试验区，可采用两种防护措施。一种为利用排水网络，既可排水又可起到防护作用；另一种为围栏防护。

（二）生物技术

（1）生物土壤改良剂：引进北京康地宝生物技术有限公司生产的生化土壤改良制剂"康地宝"。康地宝以柠檬酸为主。柠檬酸是螯合物，属于羟基羧酸类，分子中含有三个羧基，相当于三个酸根，活化性较强，与其他离子混合后可激活土壤中的高价离子和酸根共同形成配位化合物，游离出钠离子，同时激活高价离子中的有机物和无机酸根，可以促进根系对它们的吸收。

（2）生物土壤改良剂的作用：康地宝是利用生物化学络合、置换原理研制的生物性制剂。它利用盐土植物（盐蒿、海蓬子等）及作物自身通过根系分泌物改善根际微环境来适应逆境的机制，通过生物络合、置换反应，清除土壤团粒上多余的 Na^+，活化盐碱土壤中难利用的 P^{5+}、Fe^{2+}、Ca^{2+}、Mg^{2+} 等离子及微量元素，使其转变为可利用状态被植物吸收，解除植物生理缺素症状。同时通过降低 Na^+ 含量，活化 Ca^{2+}、Mg^{2+} 等离子之后，可使土壤水传导能（HC）增高，使土壤水分更易流动，从而改善植物根系环境，促进根系生长，保证植物苗齐、苗壮，使植物能够在盐碱地上生长和提高产量。适用于受盐碱侵害的农田和新开垦土地，利用有机生化高分子络合土壤中成盐离子，随灌溉水将盐分带到土壤深处，降碱脱盐，解除盐分对作物的毒害作用。由于是从植物根系分泌物中提取的产物，对人、畜、作物、土壤安全无害。

（三）农艺措施

选择和种植耐盐、耐旱、耐瘠薄、适应性强、越冬抗寒力较强的优良品种。采用羊草与披碱草混播，以当地品种羊草为主，羊草生长较慢，因此通过披碱草带动羊草的生长，最终恢复羊草群落。

第三节　振动深松与生化制剂技术集成研究

一、振动深松下土壤改良剂施用量确定

选择重度盐碱化草原进行改良方法优选。试验区全面振动深松，混播羊草和星星草，在此基础上施用康地宝。依据试验数据，建立牧草产量与康地宝配比量相关关系，两者呈二次抛物线 $y=-16.518x^2+434.0x+1389.7$，相关系数为 0.886，偏差率小于 15%，相关性较好，如图 3-7。

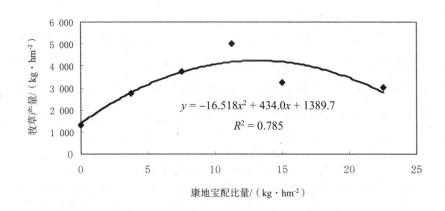

$$y = -16.518x^2 + 434.0x + 1389.7$$
$$R^2 = 0.785$$

图 3-7　康地宝配比量与牧草产量间的关系

将图 3-7 配比量与产量分解成表 3-1，由此看出，随着康地宝配比量的增加，牧草产量在递增，当配比量为 13.18 时，牧草产量最高，达到 4 240.8 kg/hm²，以后随着配比量的增加，产量呈下降趋势。康地宝配比量在 1.0 ~ 7.2 kg/hm² 范围内，产量增长速率明显，生物量达到较高水平。从 7.5 kg/hm² 开始，产量增长速度明显下降,顶端平缓。综合投入产出的性价比分析,康地宝的最佳施用量在 7.5 kg/hm²

左右，重度盐碱化草原采用振动深松+康地宝的技术模式时，康地宝的经济、有效施用量取 7.5 ~ 12.5 kg/hm² 为宜。

表 3-1　康地宝施用量与牧草产量增长率关系

施用量/（kg·hm⁻²）	1.0	2.0	3.0	4.0	5.0	6.0	7.0	7.2
产量增长率/%	29.1	21.3	16.0	12.5	10.0	8.0	6.5	5.5
施用量/（kg·hm⁻²）	7.5	7.8	8.0	9.0	10.0	11.0	12.0	13.0
产量增长率/%	5.2	4.9	4.6	4.0	2.8	2.1	1.3	0.5

二、振动深松对土壤主要物理指标的影响

（一）对土壤结构的影响

1.土壤剖面

表 3-2 为改良前的对照区和改良后第 2 年土壤剖面对比情况。从 0 ~ 40 cm 土层看，改良前，土层层次不清晰，地表土壤呈灰白色，向下土壤坚硬，夹有黑油层状物，分布白斑，为盐分晶体析出物；而改良后的土壤表层呈黑色，土质疏松，植物根系发达，有腐殖物，向下土壤虽然坚硬，但白斑已经消失，晶体析出物基本消失，说明土壤结构得到改善。

表 3-2　盐碱草原改良前后土壤剖面对比表

土层	改良前		改良后
0~2 cm	土壤呈灰白色，片状，粉沙土，表层龟裂	0~10 cm	土壤呈黑色，夹沙，土质疏松，草皮根系发达，有腐殖物，有机质含量相对较高
2~4 cm	黑褐色，粉质黏土，土粒较细	10~20 cm	黑褐色，夹黑油层，夹沙，土质黏重
4~40 cm	土质坚硬，夹沙，局部粉土透晶体，花生大小，夹黑油层，有白斑，为盐分晶体析出物	20~40 cm	褐色，土质较硬，土壤揉后呈散粒状

续表

土层	改良前		改良后
40～75 cm	黄褐色，亚黏土，呈粗条，土质较黏，局部夹沙	40～75 cm	黄褐色，亚黏土，呈粗条，土质较黏，局部夹沙
75～110 cm	黄褐色，有竖向浅黑色条带，黄土略多	75～110 cm	黄褐色，有竖向浅黑色条带，黄土略多

2.土壤机械组成

盐碱化草原土壤中黏粒含量过多，质地黏重，通透性极差，是造成盐碱土理化性质恶化的原因之一。通过对土壤机械组成的分析，可对土壤中大小不同的各级土粒进行定量，从而判定其机械组成和土壤质地类别。在振动深松的试验区和对照区分别取土，测定 0～20 cm 和 20～40 cm 的土壤机械组成，由表 3-3 分析可知，试验区 2.0～0.2 mm、0.20～0.02 mm、0.020～0.002 mm 和小于 0.002 mm 土壤粒径级配平均值较对照区分别增加 173.3%、减少 31.3%、增加 58.1%、减少 7.6%，说明深松后促进小粒径微团聚体向较大粒径微团聚体聚集的功效，特别是粒径大于 0.2 mm 的团聚体的增加有助于土壤形成良好的团聚体结构，使其保水保肥能力提高。

表 3-3　土壤颗粒分析

处理	土层/cm	土壤粒径级配平均值增长率			
		2.0～0.2 mm/%	0.2～0.02 mm/%	0.02～0.002 mm/%	<0.002 mm/%
ZS	0～20	5.74	31.36	31.50	31.40
	20～40	5.60	21.98	31.20	41.22
CK	0～20	1.67	39.47	20.42	38.44
	20～40	2.48	38.13	19.24	40.15

（二）对土壤三相的影响

1.土壤三相的变化

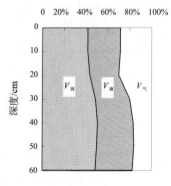
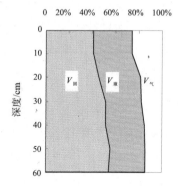

图 3-8　振动深松第 1 年土壤三相图　　　图 3-9　振动深松第 2 年土壤三相图

由图 3-8、图 3-9 可以看出，经振动深松的土壤三相结构的变化明显，振动深松当年土壤气相加大，土层整体膨松，孔隙率增大，空气和水分流通变好，通透性增强，降低了土壤中 CO_2 的含量，使土壤从大气中不断获得新鲜的氧气，保证土壤空气质量，不仅利于作物生长又可调节和改善土壤盐分运动方向。另外，土壤总孔隙度增大，土壤更加疏松，其通气和透水性能加强，可使土壤水、肥、气、热等因子协调关系得到较大改善。当遇降雨或灌溉时，可加速盐分向下运动，起到了脱盐作用。在深松的当年至第 4 年，土壤三相结构均处于理想结构状态。深松第 5 年后，各层土壤气相逐渐变小，因此证明土壤结构随着松土后时间的增加，各层的气相值也在逐年减小（见图 3-10 至图 3-13）。

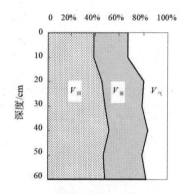
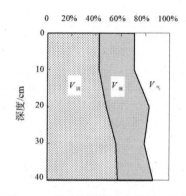

图 3-10　振动深松第 3 年土壤三相图　　　图 3-11　振动深松第 4 年土壤三相图

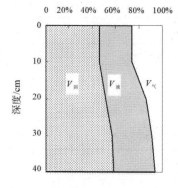

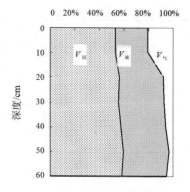

图 3-12　振动深松第 5 年土壤三相图　　　图 3-13　对照区土壤三相图

2.土壤固相率与孔隙率比值的变化

根据欧美国家提出的土壤理想三相结构，即气相:液相:固相为 25:25:50 或 20:30:50，那么理想值应该是土壤的固相与孔隙率的比值（Gk 值）为 1.0。如果超过 1.0，就应该实施深耕、深翻、深松等耕整地措施，才能使作（植）物生长在一个较好的土壤环境中。

一般未扰动盐碱土的 Gk 值在 1.1～1.3，Gk 达到 1.22 时，土壤呈过密实状态，土壤水分涵蓄与空气交换状况不利于作物生长。由表 3-4 可知，各年度 0～50 cm 土层土壤通气性变化，振动深松当年的比值 Gk 为 0.88，土壤三相比发生变化，气相明显增加，孔隙率加大，通气性增强，适合作物生长；第 2 年和第 3 年 Gk 值均在 1.0 左右，仍属于适合植被生长的良好土壤结构；第 5 年 Gk 值为 1.25，接近振动深松前 Gk 值为 1.30 的土壤结构状态，表明改良第 5 年的土壤经自然沉实呈较密实、板结状态，需要再次实施深松改良作业（图 3-14）。

表 3-4　深松前后土壤固相与孔隙率比值的变化

时间	土层深度/cm					
	0～10	10～20	20～30	30～40	40～50	平均值
深松第 1 年	0.69	0.77	0.95	1.01	0.99	0.88
深松第 2 年	0.70	0.84	1.05	1.08	1.25	0.98
深松第 3 年	0.62	0.83	1.17	1.18	1.31	1.02

续表

时间	土层深度/cm					
	0 ~ 10	10 ~ 20	20 ~ 30	30 ~ 40	40 ~ 50	平均值
深松第 4 年	0.56	0.85	1.29	1.29	1.37	1.07
深松第 5 年	0.77	1.46	1.31	1.31	1.40	1.25
CK	1.13	1.28	1.26	1.38	1.47	1.30

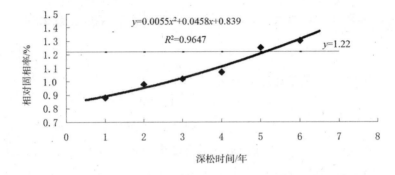

图 3-14　深松时间与土壤相对固相率关系图

（三）对土壤硬度的影响

土壤硬度是土壤的重要物理指标之一，土壤硬度大，则土体坚硬密实，作物难以扎根。采用振动深松后各层土壤硬度较对照区大幅降低，深松土体膨松。从图 3-15 和表 3-5 看出，由于 0 ~ 10 cm 表层土壤不稳定，土壤硬度差异较大，尽管这样，各年土壤硬度值均小于对照值；从 10 ~ 60 cm 的各层土壤硬度及平均值看，随着时间推移呈逐年增加趋势，这是由于土壤经冻融循环和自然沉实所致。深松土壤硬度变化最大的较对照区减少 83.73%，最小的减少 20.61%，说明深松对土壤硬度影响很大。

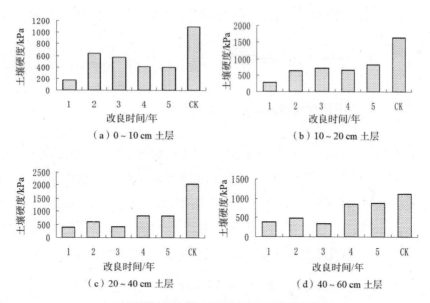

（a）0～10 cm 土层　　　　（b）10～20 cm 土层

（c）20～40 cm 土层　　　　（d）40～60 cm 土层

图 3-15　各年分层土壤硬度对比

表 3-5　深松与对照区土壤硬度统计表

处理	土壤硬度/kPa				较 CK 减少百分比/%			
	0～10 cm	10～20 cm	20～40 cm	40～60 cm	0～10 cm	10～20 cm	20～40 cm	40～60 cm
深松第 1 年	177	271	399	379	83.73	83.40	80.61	65.89
深松第 2 年	637	621	580	495	41.45	61.97	71.82	55.45
深松第 3 年	572	699	408	336	47.43	57.20	80.17	69.76
深松第 4 年	404	661	840	842	62.87	59.52	59.18	24.21
深松第 5 年	392	833	817	882	63.97	48.99	60.30	20.61
CK	1 088	1 633	2 058	1 111	—	—	—	—

三、振动深松+康地宝对土壤主要化学指标的影响

（一）对土壤可溶盐的影响

1.深松+康地宝不同配比措施对可溶盐的影响

由表 3-6 可以看出：改良后土壤 pH 值、总盐含量、Na^++K^+离子含量的平均值较对照区分别下降了 0.73 g/kg、2.54 g/kg、0.78 g/kg，降幅分别达到 7.8%、61.2%、63.5%。试验表明，在深松基础上，土壤 pH 值随康地宝配合比的加大而逐渐降低，总盐含量呈递减趋势，对作物生长毒害作用最大的 Na^+ 含量也逐渐减少，被大量代换。改良后重度盐化土转变为中、轻度盐化土，土壤化学指标趋向良性化。

表 3-6　可溶盐统计表

处理	取土深度/cm	pH 值	总盐/(g·kg⁻¹)	Na⁺+K⁺/(g·kg⁻¹)	土壤类型
CK	0~10	9.43	4.57	1.27	重度盐化土
	10~20	9.18	3.72	1.20	中度盐化土
ZSK1	0~10	8.83	2.53	0.78	中度盐化土
	10~20	8.73	2.03	0.56	中度盐化土
ZSK2	0~10	8.69	1.34	0.44	轻度盐化土
	10~20	8.66	1.13	0.35	轻度盐化土
ZSK3	0~10	8.66	1.75	0.58	轻度盐化土
	10~20	8.64	1.71	0.41	轻度盐化土
ZSK4	0~10	8.61	1.70	0.46	轻度盐化土
	10~20	8.60	1.69	0.38	轻度盐化土
ZSK5	0~10	8.58	1.64	0.54	轻度盐化土
	10~20	8.57	1.12	0.42	轻度盐化土
ZSK6	0~10	8.45	1.55	0.29	轻度盐化土
	10~20	8.41	1.53	0.37	轻度盐化土
ZSK7	0~10	8.33	1.36	0.42	轻度盐化土
	10~20	8.36	1.41	0.31	轻度盐化土

2.深松+康地宝（7.5 kg/hm² ）对土壤可溶盐的影响

改良后第 1 年在深松+康地宝（7.5 kg/hm²）小区取样得到如图 3-16 至图 3-18 的结果。由图可知，改良当年 0~60 cm 土壤总盐量平均值由原来的 9.10 g/kg 降

至 1.61 g/kg，减少了 7.49 g/kg；K$^+$+Na$^+$含量平均值由原来 3.01 g/kg 降至 0.47 g/kg，减少了 2.54 g/kg；pH 值由原来平均 9.90 下降到 8.75。由此可见技术措施对盐碱化草原改良效果十分明显。

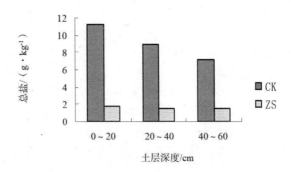

图 3-16　分层土壤总盐含量变化对比

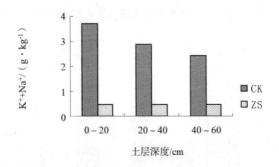

图 3-17　分层土壤 K$^+$+Na$^+$含量变化对比

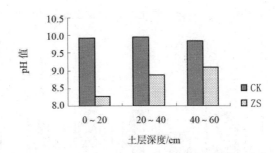

图 3-18　分层土壤 pH 值变化对比

图 3-19 至图 3-21 为采用深松+康地宝技术措施改良盐碱化草原 1～5 年连续

观测的土壤 pH 值、总盐量和 K^++Na^+含量变化情况。可以看出，改良后土壤 pH 值、总盐含量随时间的推移，总体呈下降趋势，当年降幅最为显著，但从第 2 年开始，各项指标较改良当年有所回升，仍然有一个较好的状态，为轻度盐化土。土壤的各项指标趋向良好，大大改善了盐碱化草原的土壤环境。

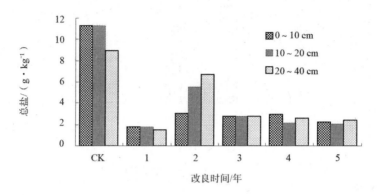

图 3-19　各年分层土壤总盐含量变化对比

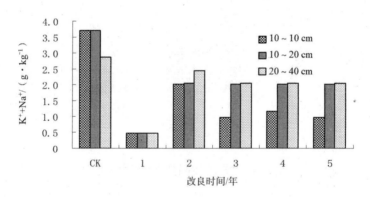

图 3-20　各年分层土壤 K^++Na^+含量变化对比

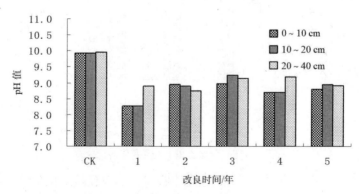

图 3-21　各年分层土壤 pH 值变化对比

（二）对土壤养分的影响

1.深松与康地宝不同配比措施对土壤养分的影响

对照区与振动深松+康地宝试验区的统计结果见表 3-7，看出改良后的土壤全氮、全磷、全钾的平均值较对照区分别增加了 2.47 g/kg、0.63 g/kg、5.62 g/kg，增幅分别达到 726.5%、78.8%、16.7%，有机质含量较对照区提高了 1.18%，明显地改善了土壤的营养结构。

表 3-7　养分统计表

处理	取土深度/cm	全氮 N/(g·kg⁻¹)	全磷 P₂O₅/(g·kg⁻¹)	全钾 K/(g·kg⁻¹)	有机质/%
CK	0~10	0.27	0.98	27.62	3.042
	10~20	0.42	0.62	28.63	1.700
ZSK1	0~10	2.41	1.24	35.13	5.920
	10~20	2.11	1.04	34.55	3.163
ZSK2	0~10	1.84	1.01	33.40	2.608
	10~20	2.12	1.29	32.40	3.541
ZSK3	0~10	2.23	1.31	31.90	4.012
	10~20	2.07	1.18	32.40	2.897
ZSK4	0~10	2.05	1.84	32.90	3.112
	10~20	1.89	1.47	34.20	2.474
ZSK5	0~10	2.33	1.44	33.30	3.866
	10~20	1.77	1.51	32.70	4.002
ZSK6	0~10	5.43	1.66	31.50	3.547
	10~20	5.06	1.39	32.40	2.912
ZSK7	0~10	4.10	1.88	38.50	4.015
	10~20	3.99	1.79	37.10	3.576

2.深松+康地宝（7.5 kg/hm²）对土壤养分的影响

在深松+康地宝（7.5 kg/hm²）组合模式的小区，连续 5 年对土壤有机质、全氮、全磷、全钾分层取土测试，试验结果如图 3-22 至图 3-25。可以看出，采用该技术模式改良后的土壤，可溶盐含量降低的同时，增加了土壤中氮、磷、钾及有机质的含量，特别是有机质和全氮连年呈递增趋势。土壤环境变好为牧草根系生长创造了条件，根系微生物得到充分繁衍，表层土壤有机质的含量在逐年增加。

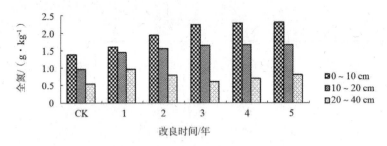

图 3-22　各年分层土壤全氮变化对比

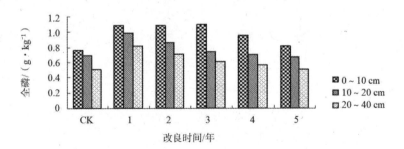

图 3-23　各年分层土壤全磷变化对比

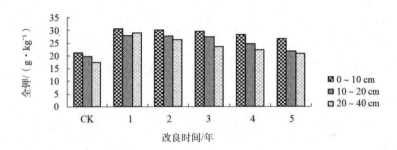

图 3-24　各年分层土壤全钾变化对比

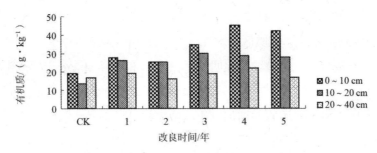

图 3-25　各年分层土壤有机质变化对比

四、振动深松+康地宝对土壤微生物的影响

土壤微生物是土壤中活的有机体，它们在土壤养分转化中特别是有机质的转化中起着极其重要的作用。它们的种类多、数量大，1 g 土中可达几千万个甚至几十亿个。土壤微生物包括细菌、真菌、放线菌。土壤微生物的生命活动促进了土壤有机质的转化。表 3-8 列出改良后第 5 年试验区和对照区土壤微生物含量。

表 3-8　试验区与对照区土壤微生物 t 检验

处理	类型	ZS-20				ZS-40				CK-20				CK-40			
		细菌	放线菌	真菌	微生物	细菌	放线菌	真菌	微生物	细菌	放线菌	真菌	微生物	细菌	放线菌	真菌	微生物
ZS-20	细菌	—	—	—	—	**	—	—	—	**	—	—	—	**	—	—	—
	放线菌	—	—	—	—	—	**	—	—	—	**	—	—	—	**	—	—
	真菌	—	—	—	—	—	—	**	—	—	—	**	—	—	—	**	—
	微生物	—	—	—	—	—	—	—	**	—	—	—	**	—	—	—	**
ZS-40	细菌	**	—	—	—	—	—	—	—	*	—	—	—	—	—	—	—
	放线菌	—	**	—	—	—	—	—	—	—	**	—	—	—	**	*	—
	真菌	—	—	**	—	—	—	—	—	—	—	—	—	—	—	—	—
	微生物	—	—	—	**	—	—	—	—	—	—	—	**	—	—	—	—
CK-20	细菌	**	—	—	—	*	—	—	—	—	—	—	—	*	—	—	—
	放线菌	—	**	—	—	—	**	—	—	—	—	—	—	—	**	—	—
	真菌	—	—	**	—	—	—	—	—	—	—	—	—	—	—	—	—
	微生物	—	—	—	**	—	—	—	**	—	—	—	—	—	—	—	**
CK-40	细菌	**	—	—	—	*	—	—	—	*	—	—	—	—	—	—	—
	放线菌	—	**	—	—	—	*	—	—	—	**	—	—	—	—	—	—
	真菌	—	—	**	—	—	—	—	—	—	—	—	—	—	—	—	—
	微生物	—	—	—	**	—	—	—	**	—	—	—	**	—	—	—	—

注：*为 $F_{0.05}$ 显著；**为 $F_{0.01}$ 极显著。

由于牧草根系发育丰富，0~20 cm 土壤腐殖质的增加为微生物滋生提供了生长环境。由表 3-8 看出，试验区与对照区 0~20 cm 土壤微生物差异极显著，各区上下层位差异极显著。试验结果表明，0~20 cm 和 20~40 cm 土壤微生物总数较对照区分别增加了 100% 和 7.7%。采用振动深松后土壤通透性变好，利于牧草根系的生长，随着根系腐殖物的增加，土壤微生物也不断得到繁衍。

五、振动深松+康地宝对牧草生物量的影响

（一）单项及组合技术对牧草生物量的影响

在试验区的盐碱化草原进行了对照（CK）、单独施用康地宝（K3）、单独振动深松（ZS）和深松+康地宝配合使用（ZSK3）等不同措施处理的比较试验。通过表 3-9 分析得出，单独施康地宝较对照区增产 59.5%，对增产有着积极的促进作用；单独振动深松较对照区增产 120.7%，产量有了大幅提高；集成技术措施较对照区增产 205.4%，具有显著的增产作用。技术措施对产量影响程度排序是：ZSK3＞ZS＞K3＞CK。

表 3-9　各项措施对牧草产量影响统计表

处理	根长/cm	茎高/cm	鲜草产量/ （kg·hm^{-2}）	产量/%	位次
CK	15.69	19.77	588.0	100.0	4
K3	16.82	31.63	938.0	159.5	3
ZS	20.23	42.54	1 297.8	220.7	2
ZSK3	32.50	48.50	1 795.5	305.4	1

（二）振动深松+康地宝措施对牧草生物量的影响

经对振动深松下施不同量康地宝试验统计结果分析得到，各处理增产幅度排序为 ZSK4＞ZSK1＞ZSK3＞ZSK6＞ZSK5＞ZSK7＞ZSK2，见表 3-10。对表进行变量分析（表 3-11），可以看出，技术措施处理间 F 值为 7.85，小于 $F_{0.01}$ 值 4.82，说明各处理间差异极显著，同时说明振动深松及与康地宝配合使用对试验区牧草

增产极为有效。而区组间的 F 值为 4.47，大于 $F_{0.05}$ 值 3.89，小于 $F_{0.01}$ 值 6.93，说明区组间差异显著，这主要是由试验碱斑分布不均所造成。

表 3-10　振动深松+不同配比康地宝后牧草产量

序号	处理	区组/（kg·hm^{-2}）			总和/（kg·hm^{-2}）	平均/（kg·hm^{-2}）	产量/%	位次
		I	II	III				
1	ZSK1	3 000.2	5 000.3	3 997.5	11 998.0	3 999.33	100.00	2
2	ZSK2	2 500.1	3 000.2	2 748.0	8 248.3	2 749.43	68.75	7
3	ZSK3	3 500.2	4 000.2	3 750.0	11 250.4	3 750.13	93.77	3
4	ZSK4	5 000.3	5 000.3	4 998.0	14 998.6	4 999.53	125.01	1
5	ZSK5	3 000.2	3 500.2	3 250.5	9 750.9	3 250.30	81.27	5
6	ZSK6	3 813.0	3 472.5	3 429.0	10 714.5	3 571.50	89.30	4
7	ZSK7	2 000.1	4 000.2	2 995.5	8 995.8	2 998.60	74.98	6
8	总和	22 813.9	27 973.7	25 168.5	75 956.1	—	—	

注：取样时间为 9 月初，为鲜草重。

表 3-11　深松+康地宝后牧草产量比较变量分析表

变异原因	自由度	平方和	变量	F	$F_{0.05}$	$F_{0.01}$
处理间	6	10 040 532.6	1 673 422.1	7.85**	3.00	4.82
区组间	2	1 906 498.6	953 249.3	4.47*	3.89	6.93
机误	12	2 557 394.2	213 116.2	—	—	—
总和	20	14 504 425.4				

注：*为 $F_{0.05}$ 显著；**为 $F_{0.01}$ 极显著。

综合表 3-10、表 3-11 试验结果，振动深松在改良盐碱化草原方面作用显著，与康地宝配合使用处理间差异极显著，但产量达到最高点后，随着康地宝的量逐渐加大，产量下降。在改良重、中、轻度盐碱化草原中，单项技术、组合技术要因地制宜、有的放矢地选用。

（三）技术措施对各年牧草生物量的影响

在振动深松+康地宝（7.5 kg/hm^2）的重度盐碱化草原上，连续 5 年测定牧草产量，结果见表 3-12 和图 3-26。

表 3-12　改良后各年鲜牧草产量及株高

改良时间/年	1	2	3	4	5
鲜草产量/（kg·hm⁻²）	3 000.00	3 624.75	11 625.30	9 022.95	8 274.75
平均株高/cm	36.5	43.17	62.5	62.0	64.0

注：取样时间均为9月初，为鲜草重。

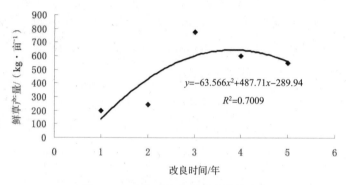

图 3-26　改良后各年牧草产量效应图

通过连续五年对试验区牧草产量进行测定得出，在未考虑降雨量的前提下，采用集成技术后，牧草产量连年提高，第3年产量水平达到峰值。产量关系为 $y=-63.566x^2+487.71x-289.94$ 的二次抛物线方程，相关系数 R 值为 0.837，通过查对相关系数显著性检验表得，在自由度为 4，$F_{0.05}$ 时，相关系数为 0.811 4。

六、盐碱化草原改良技术模式的确定

为了进一步验证模式的可行性，选择了重度、中度和轻度盐碱化草原分别采用不同技术组合进行试验，表 3-13 为针对不同盐碱化程度的草原采用不同技术组合后的牧草产量。

表 3-13　不同技术模式与产量关系

土壤类型	采用措施	改良时间/年	鲜草产量/（kg·hm⁻²）	CK/（kg·hm⁻²）	较 CK 增产/%
重度盐渍土	ZS+K4+播种	1	2 040	420	385.7
		2	5 100	450	1 033.3

续表

土壤类型	采用措施	改良时间/年	鲜草产量/ （kg·hm⁻²）	CK/ （kg·hm⁻²）	较 CK 增产/%
中度盐渍土	ZS+K3+补播	1	2 295	600	282.5
		2	5 865	645	809.3
轻度盐渍土	ZS	1	3 000	900	233.3
		2	5 880	960	512.5

注：取样时间为 9 月初，为鲜草重。

从表 3-13 可知，采用不同技术组合后增产十分显著，尤其在改良第二年，各处理较对照增产 5 倍以上。应用重、中、轻度盐渍土相应的技术模式，2 年分别较对照平均增产 709.5%、545.9%、372.9%。由此表明，针对不同程度的盐碱化草原采用不同技术，可以达到最优组合，实现投入产出最优。

第四章　振动深松蓄水保水机理及规律研究

与我国其他盐碱土集中分布区域相比，松嫩平原盐碱土具有明显的自身特点。一是盐碱类型以苏打盐碱为主。该区域地下水埋深在 1.5~3.0 m，矿化度为 2~5 g/L，最高达 10 g/L，地下水和土壤盐分组成以碳酸钠、碳酸氢钠为主，呈强碱性反应，代换性 Na^+ 百分率较高，其中轻度盐碱化代换性钠 5%~15%，盐碱斑率小于 30%；中度盐碱化代换性钠 15%~30%，盐碱斑率 30%~50%；重度盐碱化代换性钠 30%~50%，盐碱斑率 50%~70%。二是该区属寒温带大陆性季风气候区，冻土层保持半年以上，深达 2.2 m，土壤冻结过程中，冻层与非冻层的地温产生差异，引起毛管水分、盐分由底层向冻层移动，造成冬季土壤"隐蔽性"积盐现象。春季气温回升，地表蒸发逐渐强烈，使冬季累积于冻层中的盐分转而向地表强烈聚集，土壤冻结和融化形成了本区特有的水盐运动规律（李建东 等，1995）。三是该区蒸发是降雨的 3.5 倍左右，在干旱条件下，水中的矿质离子因蒸散拉动作用聚集到土壤表面，导致土壤碱化，土壤物理性质恶化，加上植被退化和碱斑的形成也显著恶化了该区的土壤物理性状（刘兴土，2001）。通过深松技术改良盐碱化草原土壤结构，开展其蓄水保墒机理研究，为盐碱土的生态修复奠定理论基础。

第一节　深松改土蓄水保墒机理

一、研究方法

按常规试验方法测定对照区原状土、深松区改良土的分层土壤容重、土壤田间持水量（《土壤水分测定方法》编写组，1986）。进行土壤特征曲线测定时，取 6 组对照区和深松改良后盐碱草原的土柱样品，采用吸力仪法进行室内土壤水分特征试验，分析土壤水势测定区间的土壤水分含量变化，描绘出土壤水分特征曲线。采用 SS-781 型吸力平板仪，土壤水吸力范围为 0~90 kPa，测定方法如下：（1）将用标准环刀（100 cm³）取好的土样放在水槽里，每个环刀下放有透水石，为防止土壤在泡水后散落，在环刀下垫一层滤纸，并用纱布扎好；（2）向水槽内注水，至水面超过透水石约 1 cm，放置 2 h，使水自然上吸，再加水至离环刀上缘约 0.5 cm 处，放置一昼夜使土壤被水饱和，特别紧实、黏重的土样泡水时间应延长；（3）土样饱和后，将水槽中水放去，使水面与透水石上缘相平。这时环刀内土样平均承受的吸力为环刀高度的一半，即 2.5 cm，放置 24 h 后将环刀取出，将环刀外表面水分擦干，称得重量（精确到 0.1 g）；（4）称重后的土样放入低吸力板内，调节水位瓶的高度，使环刀高度等于 15 cm，放置 24 h 后，称重土样。称重后放回石英砂浴。两次间样本质量差小于 0.1 g 时调至下一个水位高度；测2.5 cm、10 cm、30 cm、60 cm、90 cm、100 cm 水柱，测定方法同上；（5）在石英砂浴做完 100 cm 水柱吸力这一级后，将土样放入高岭土吸力平板装置，依次做300 cm、600 cm、900 cm 水柱各级；⑥在高岭土吸力平板上做完最后一级后，将土样放入烘箱里 105℃ 烘至恒重，最后，称出各环刀质量，进行土壤含水量计算；（6）根据测得的土壤吸力与土壤含水量的对应值绘出土壤水分特征曲线。

土壤渗透率试验采用同心环渗透仪现场测定，双环法即大渗透筒法。内筒直径 35.5 cm、高 18.5 cm，外筒直径 50 cm、高 18.5 cm。其操作步骤：（1）选地，选 4 m² 地面，将其整平，地块中央插入双环，一般约 10 cm 深，内环为测试区，外环与内环之间为保护区。（2）灌水，灌水前根据土壤含水量测算达到饱和时需要的水量，并按照 3 倍以上备好水罐。外环、内环同步灌水 50 mm，按照标准间隔时间计时测定内环渗水量，直到 30 min 渗水量变化小于 2% 为止。（3）注意保持内、外环间的水层与内环相同。（4）结果计算，根据记录数据，计算渗水率、累计渗漏量、稳定渗透系数等，绘制过程线。土壤水分蒸发采用田间测定与实验室测定相结合的方法，以非饱和土壤蒸发特性和动力学运动理论建立蒸散模型(张妙仙 等，2001；于东升 等，1998；蒋定生 等，1986)，确定深松对保水性的影响。

二、振动深松对土壤水分特征曲线的影响

土壤水分特征曲线反映了土壤水势和土壤水分含量之间的关系。由于在土壤吸水和释水过程中土壤空气的作用和固、液接触不同的影响，实测土壤水分特征曲线不是一个单值函数曲线。相同吸力下的土壤水分含量，释水状态要比吸水状

态大，即为水分特征曲线的滞后现象。土壤水分特征曲线反映了不同土壤的持水和释水特性，也可从中了解给定土类的一些土壤水分常数和特征指标。曲线的斜率称为比水容量，是用扩散理论求解水分运动时的重要参数。曲线的拐点可反映相应含水量下的土壤水分状态，如当吸力趋于 0 时，土壤接近饱和，水分状态以毛管重力水为主；吸力稍有增加，含水量急剧减少时，用负压水头表示的吸力值约相当于支持毛管水的上升高度；吸力增加而含水量减少微弱时，以土壤中的毛管悬着水为主，含水量接近于田间持水量；饱和含水量和田间持水量间的差值反映土壤给水度。因此，土壤水分特征曲线是研究土壤水分运动、调节利用土壤水、进行土壤改良等方面的最重要和最基本的指标。本书研究注重于释水过程的曲线特性变化，确定干旱过程的土壤水分减少速率对土壤持水性的影响。

（一）土壤释水过程的特征曲线变化

土壤水分特征曲线是土壤质地、结构、孔隙等物理特性综合作用的结果，是土壤物理特性的表征，它充分体现了土壤质地结构的差异（张妙仙 等，2001）。由于土壤水分特性曲线的影响因素复杂，至今尚未从理论上建立土壤含水量与土壤基质势之间的关系，通常用经验公式来描述。目前采用较多的是 Gardner 和 VG 模型。二十多年的研究已经表明 Gardner 的幂函数经验公式对我国大部分土壤适用。

$$\theta = ah^b \tag{4-1}$$

式中：θ—相对土壤含水量，%；

　　　h—土壤基质势，Pa；

　　　a 和 b—非线性回归系数。

将实测数据按式（4-1）进行拟合，所得到的土壤水分特性曲线如图 4-1 所示：

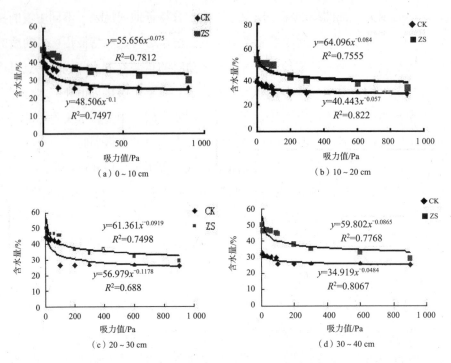

图 4-1　深松土壤与原状土的分层土壤特征曲线

　　检验各个特征曲线相关系数的回归显著性,0~40 cm 分层土壤深松及未深松的特征曲线相关系数分别为 0.884、0.866、0.869、0.907、0.866、0.829、0.881、0.898,0~10 cm 深松土、10~20 cm 深松土、30~40 cm 深松土及原状土 4 组曲线在 0.001 水平上极显著相关,$R_{0.001}$(8)=0.8721,0~10 cm 其他组别特征曲线相关性均在 0.01 水平上显著相关,$R_{0.01}$(8)=0.7646。以上图形分析结果表明,土壤吸力在 0~1 000 Pa 区间,通气性空隙和供水性空隙显著增加,相同土壤吸力条件下,深松土壤含水量较原状土增加 50%~80%,上层土壤较下层增加幅度大,说明深松改土使牧草根系层土壤结构更易于保持土壤水分,土壤持水能力与疏松程度成正向变化。以 60 cm 厚度土层为整体,取得的深松土壤与原状土的土壤水分特征曲线如图 4-2 所示。相关系数分别为 0.693、0.645,均大于 $R_{0.001}$(58)=0.415,其相关显著度达到 α=0.001 水平。图 4-2 表明,0~1 000 Pa 吸力区间的深松土壤含水量较原状土平均增加 9.32%,相对增长率达到 34.3%,土壤有效水区间的土壤蓄水能力得到大幅提高。

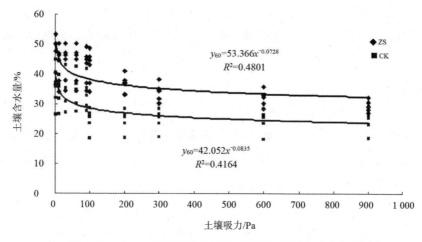

图 4-2　60 cm 土层深松土壤与原状土壤的水分特征曲线

（二）土壤水分保持能力分析

根据深松土壤水分特征曲线变化，计算深松土壤各土层持水能力增长的相对变化率，得出如图 4-3 所示的结果。

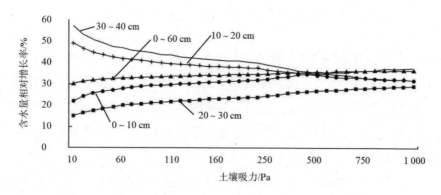

图 4-3　深松土壤吸力与含水量增长率的变化关系

振动深松后，0～10 cm 及 20～30 cm 土层土壤持水能力增长规律基本一致，均随着土壤吸力的增加，其含水量相对增长率呈同步上升趋势，0～100 Pa 低吸力条件下土壤含水量增长率较低，平均值分别为 26.69%、18.89%。随着吸力的不断增加，100～1 000 Pa 区间的土壤持水能力呈正增长，平均增长 33.54% 和 25.32%；10～20 cm 及 30～40 cm 土层土壤含水量的增长随着土壤吸力的增加而降低。在低吸力范围内深松土壤各土层持水能力增加幅度大于高吸力区间的增加幅度，低吸力条件下平均增长率分别为 43.06%、48.15%，100～1 000 Pa 吸力区间平均增长率分别为 35.45%、37.12%。以 0～60 cm 土层变化曲线分析，土壤持水能力增加 30%～37%，平均为 34.3%。

试验区土壤 0～60 cm 土壤容重为 2.65，土层平均田间持水量为 43.1%，差异率在 5% 以内，土质均匀度较高。土壤容重的测试结果（表 4-1）表明，深松耕作改土的影响深度为 60 cm，60 cm 以下土壤未发生扰动，0～10 cm、20～30 cm 土层的容重变化超过 15%，其他土层变化率低于 10%。由此可见，土壤容重的分层变化与不同吸力条件下分层土壤含水率增长的变化规律基本相符。

表 4-1　深松土壤的分层容重测定值

土层深度/cm	0～10	10～20	20～30	30～40	40～50	50～60	60～80	80～100	100～120	120～140
原状土壤容重/（g·cm⁻³）	1.26	1.27	1.41	1.42	1.51	1.53	1.49	1.52	1.56	1.58
深松土壤容重/（g·cm⁻³）	1.05	1.15	1.17	1.28	1.36	1.4	1.49	1.52	1.56	1.58
变化率/%	16.67	9.45	17.02	9.86	9.93	8.50	0	0	0	0

（三）土壤吸力变化对深松土壤比水容量的影响

土壤比水容量是指一定土壤吸力条件下，相同土体土壤水分的增减梯度，反映土壤含水量变化对吸力变化的敏感程度，为分层土壤水分特征拟合曲线的求导值。此处的土壤相对比水容量是指同层位的深松土壤与原状土壤比水容量差值的相对百分比，以此分析随着土壤吸力变化，深松土壤较原状土的土壤比水容量的影响关系及变化规律，如图 4-4。

结果表明，0～10 cm、20～30 cm 土层土壤相对比水容量变化一致，随着土壤吸力的增加，土壤相对比水容量变大，其变化幅度范围仅为-11%～2%，其平均相对增长梯度为-2.19%、-3.63%，变化幅度分别为 11.47%、11.30%，曲线变化平缓上升。10～20 cm、30～40 cm 的土壤相对比水容量变化则随着土壤吸力的增加而降低，呈负向增长，变化曲线平缓下降，变化幅度分别为 25.6%、45.1%，其平均相对增长梯度分别为 1.03 倍、1.51 倍。总体上，与原状土相比，振动深松扰动深度的 60 cm 范围内，0～1 000 Pa 土壤吸力区间的比水容量随着吸力的增加而增加，平均增加 17.08%，土壤持水能力提高。

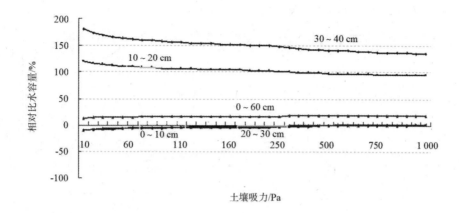

图 4-4 深松土壤吸力变化与比水容量关系

三、振动深松土壤透水性变化分析

采用同心环法进行试验区深松前后土壤渗透性试验，研究振动深松对土壤透水性的影响，具有反映田间土壤的实际情况、操作简便、移动方便等优点。由于不同土壤层次以及其在面的分布上差异性很大，对于某个入渗试验点来说，直接参与测定的土壤入渗面越大，其试验结果对所测定土壤的代表性也就越好（于东升 等，1998）。因此，同心环法取得的渗透试验数据具有较好的代表性，以此研究深松改土对盐碱化草原透水性的影响，分析深松后不同年度的渗透系数、入渗累积量的变化规律（表 4-2）。

（一）渗透速率变化

由于土地利用和耕作方式不同，即使是同一类型的土壤，其渗透性能也会有很大的差异，土壤入渗速率与土壤容重、含水量，以及大于 0.25 mm 的水稳性团粒含量关系密切（蒋定生 等，1986）。本次试验的积水条件下土壤渗透曲线，采用渗透系数与入渗时间的对数模型。确定入渗速率曲线相关模型见公式（4-2）：

$$K = \alpha \ln(t)^{\beta} \qquad (4-2)$$

式中：K—土壤入渗速率，cm/min；

t—试验时间，min；

　　　　α，β—分别为相关系数。

原状土、深松后 1 年、2 年、3 年的土壤渗透试验结果见图 4-5。

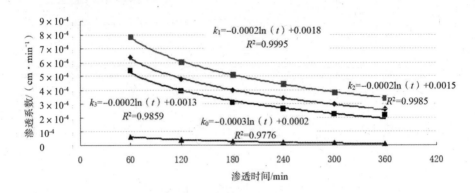

图 4-5　深松改土土壤渗透过程分析

　　土壤渗透曲线相关系数均大于 $R_{0.001}$（4）=0.974，呈极显著相关。图中可以看出，原状土的渗透性最差，6 h 平均渗透速率为 3.02×10^{-4} cm/min，稳定渗透率为 1.35×10^{-4} cm/min；振动深松后渗透速率较原状土提高一个数量级，深松后 1 年、2 年、3 年的 6 h 平均渗透速率分别为 5.11×10^{-4} cm/min、4.01×10^{-4} cm/min 和 3.23×10^{-4} cm/min，稳定渗透速率分别为 3.41×10^{-4} cm/min、2.60×10^{-4} cm/min 和 2.17×10^{-4} cm/min，较原状土平均增加 20 倍，渗透性能得到明显改善。

（二）累积入渗量的变化分析

　　野外土壤积水入渗过程中，土体内任一埋深处土壤含水率的变化一般经历稳定不变、缓慢上升、急剧上升和再稳定四个阶段。不同土地利用类型的土壤每一阶段所经历的时间长短不同；积水深度越大，土壤剖面含水率、入渗量变化越明显，湿润锋的推移也越快（刘贤赵 等，1998）。入渗累积量反映了综合因素对入渗过程的影响，对评价不同耕作土壤的渗透特性具有直观的效果。

　　统计渗透试验的累计渗漏过程，累积入渗量与试验时间的幂相关关系式见式（4-3）、式（4-4）。

$$I = \alpha t^{\beta} \qquad\qquad (4\text{-}3)$$

$$W = at^{b} \qquad\qquad (4\text{-}4)$$

式中：W— 土壤渗透累积入渗量，mm；

t—试验时间，min；

a，b—分别为入渗量相关系数；

I—土壤入渗速率，cm/min；

α，β—分别为入渗速率相关系数。

图 4-6 的时序分析结果表明，土壤入渗率与土壤疏松程度密切相关，疏松程度大的土壤，入渗率大，随时间过程的入渗速率降低，累积入渗量增长变缓。对照区土壤水分累积入渗量仅为 46.33 mm，降水难以下渗，多形成地表径流流失。而深松当年累积入渗量较对照区增加 9.6 倍，第 2 年和第 3 年较对照区分别增加 0.9 倍和 0.8 倍，3 年平均增加 4.1 倍。入渗量的增大说明提高了土壤入渗能力和涵蓄自然降水能力，降水有效利用率平均提高 20% 以上，同时疏松的土壤为雨季自然淋洗盐分创造了有利条件，雨季盐分自然淋洗能力同步增加。

表 4-2　现场入渗试验(同心环法)

深松时间/年	累积曲线		速率曲线		相关系数 R	显著度
	a	b	α	β		
1	25.60	0.474	12.13	−0.526	0.999	$F<0.001$
2	17.63	0.425	7.49	−0.575	0.991	$F<0.001$
3	16.55	0.369	6.10	−0.631	0.990	$F<0.001$
CK	9.08	0.333	3.02	−0.667	0.994	$F<0.001$

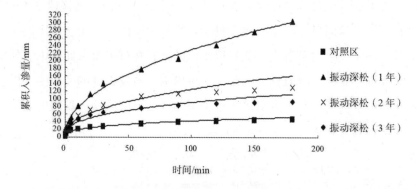

图 4-6　深松前后土壤水分累积入渗量

四、深松土壤保水性变化分析

（一）深松土壤保墒的依据

1.基本原理

在同一田块上，因为土壤的机械组成基本相同，而深松之后其土壤空隙增加，切断土壤毛细管，从而降低了毛细管水上升速率，减少蒸发损失量。也就是说，土壤水分向上迁移速度减缓，数量减少，为蒸发提供水分也减少。土壤水分蒸发形态有如下三种：土壤表面蒸发强度 E 小于土壤水分向上运移速度 V；土壤表面蒸发强度 E 等于土壤水分向上运移速度 V；土壤表面蒸发强度 E 大于土壤水分向上运移速度 V。

土壤表面蒸发强度的大小主要取决于大气的蒸发能力，而土壤水分向上运移速度不仅取决于土壤水分的多少，还取决于同一土质条件下的土壤容重的大小，容重越大其土壤中的空隙越小，土壤中毛细管越细，土壤水分向上运移的速度越快，反之亦然。振动深松恰恰使得坚硬的犁底层松动破碎而变得堙松起来，从而起到了保墒的作用。

2.蒸发条件下土壤水分向上运移模式

在干旱情况下，土壤表面蒸发强度 E 大于土壤水分向上运移速度 V，土壤表层存在干土层。这时其土壤水分蒸发处于水汽扩散阶段。干土层以下的土壤水分向上运移，在干土层底部蒸发，然后以水汽的方式穿过干土层而进入大气层。此阶段的蒸发面不是在土壤表面，而是在土壤内部。蒸发强度的大小主要由干土层内水汽扩散的能力所控制，并取决于干土层的厚度。解决这一现象的非饱和土壤水分运动的代表方程为

$$\frac{\partial \theta}{\partial t} = \frac{\partial}{\partial z}\left[D(\theta)\frac{\partial \theta}{\partial z}\right] \quad \begin{array}{lll} \theta=\theta_i & t=0 & z\geqslant 0 \\ \theta=\theta_c & z=0 & t>0 \\ \theta=\theta_i & z=\infty & t>0 \end{array} \tag{4-5}$$

利用 Gardner 方法求解，其结果为

表土蒸发强度（cm/min）为

$$E = (\theta_i - \theta_c) \sqrt{\frac{\overline{D}}{\pi t}} \qquad (4\text{-}6)$$

而累积蒸发量（cm）为

$$W = 2(\theta_i - \theta_c) \sqrt{\frac{t\overline{D}}{\pi}} \qquad (4\text{-}7)$$

其中扩散率 $D(\theta)$ 的加权平均值，根据 Garnk（1956 年）的研究，在脱水过程中可表示为

$$\overline{D} = \frac{1.85}{(\theta_i - \theta_c)^{1.85}} \int_{\theta_c}^{\theta_i} D(\theta)(\theta_i - \theta)^{0.85} \mathrm{d}\theta \qquad (4\text{-}8)$$

式中：θ_i——初始含水率，%；

$\quad\quad\ \theta_c$——风干含水率，%。

蒸发强度的计算：根据试验资料分析，$\overline{D}$ 值可取干土层的扩散系数加权平均值。实测数据是种位以上的干土层土壤水分，D 的计算值及利用见表 4-3。

表 4-3　干土层内扩散系数计算表

干土层/cm	含水率/%	θ_s/%	θ/θ_s	$D/(\mathrm{cm^2 \cdot min^{-1}})$	备注
0 ~ 2	5.46		0.084 9	2.38×10^{-7}	风干含水率 0.029 1
2 ~ 4	8.61	64.3	0.133 9	2.34×10^{-6}	$D = 0.056\ 1(\theta/\theta_s)^{-b}$
4 ~ 6	11.97		0.186 2	1.22×10^{-5}	$b = 5.015\ 5$

θ_i 设为 0.3，依据式（4-8）计算出的加权平均值

$$\overline{D} = 6.05 \times 10^{-5}$$

将此值代入式（4-6）即得到表土蒸发强度为

$$E = 6.71 \times 10^{-4} \mathrm{cm/min}$$

再利用式（4-7）就可以计算出所需时段的累积蒸发量。

3.输水能力的计算

输水能力计算公式为

$$V_q = \frac{V\theta}{10} \qquad (4\text{-}9)$$

式中：V——土壤水垂直向上浸润速度，mm/min；

V_q——土壤输水能力，cm/min。

依据室内的土壤水分垂直向上浸润试验所得出的上升速度与土壤水分的关系，即

$$V = a\left(\frac{\theta}{\theta_s}\right)^b$$

及其参数和式（4-9）得出不同含水率所对应的 V_q 值，见表4-4。

表 4-4 土壤输水能力 V_q

土层/cm	含水率	CK			ZS		
		容重/ （g·cm⁻³）	θ/θ_s	V_q/ （cm·min⁻¹）	容重/ （g·cm⁻³）	θ/θ_s	V_q/ （cm·min⁻¹）
5~10	0.142	1.38	0.220 8	6.05×10^{-8}	1.07	0.197 7	2.24×10^{-8}
10~20	0.281	1.43	0.437 0	5.45×10^{-6}	1.17	0.446 1	6.55×10^{-6}
20~25	0.487	1.46	0.757 3	1.95×10^{-3}	1.28	0.639 4	2.81×10^{-4}
平均	—	—	—	6.52×10^{-4}	—	—	9.59×10^{-5}

（二）土壤保墒机理分析

深松后蒸发条件下土壤水分向上运移的平均输水能力急剧减小，5~25 cm 层的平均值仅为深松前的15%。5~10 cm 层较深松前下降了63%，20~25 cm 层输送水分能力较深松前降低了85.59%，10~20 cm 土层的输水能力变化相对较少，且较深松前增加了20.2%，说明盐碱土壤表层毛细管水输送和保持能力得到改善，有利于植被种芽期的生长。对深松土壤不同层位输水能力变化进行分析得出：20~25 cm 土层向上输送水分能力是 10~20 cm 的 43 倍，同样，10~20 cm 土层向上输送水分能力是 5~10 cm 土层的近 300 倍，底层土壤向上输水能力呈几何级数减少，有效减缓了干旱加重时表层干土层厚度的增加速度，达到了种位处（种子发芽发育）土壤的蓄水保水效果。由此可见，因振动深松而使土壤空隙增加，毛细管孔隙减少，从而使其毛细管力减弱，向表层输送水分速率减少而起到了蓄水保墒作用。

五、振动深松土壤蓄水机理

深松后土壤蓄水量增加可体现在两个方面。一是土体三相结构发生改变，气相、液相比增加，由于内部孔隙率增加，从而增加了土体内的蓄水空间，改善了蓄水机能（曲璐 等，2008），可接纳更多的降水或灌溉水，以重力水的形式存储在大孔隙中间；二是土壤孔隙率增大，水分入渗速度将加大，使土体涵蓄降水能力得到提高，形成土壤水库。植物靠根系从不同深度吸收土壤水分，各种作物的根深亦有差异，为了计算方便和便于对比，以 50 cm 作为土壤水库的深度。

（一）深松层蓄水空间变化

1.土壤蓄水能力

土壤蓄水能力是土壤水调控和利用的基础，它依土壤类型、结构、质地和地下水埋深等因素有很大差异。土壤水库的垂向深度以根系层深度为准，所以根系层土壤蓄水能力即土壤水库的蓄水容量。土壤水库的调蓄能力可根据 3 个基本土壤水分常数即饱和含水率、田间持水率和凋萎含水率来计算。

土壤水库的总容量是指根系层土壤为水所饱和时的蓄水量，即

$$W_s = 10\overline{\theta}_s \cdot H \qquad (4\text{-}10)$$

式中：W_s——饱和蓄水能力或总容量，mm；

$\overline{\theta}_s$——根系层土壤平均饱和含水率，体积含水率%；

H——根系层深度，cm。

当根系层土壤为非均质时，土壤最大蓄水能力和有效蓄水能力（有效库容）可表示为

$$W_f = 10\overline{\theta}_f \cdot H$$

$$W_k = 10\overline{\theta}_k \cdot H \qquad (4\text{-}11)$$

$$W_e = 10(\overline{\theta}_f - \overline{\theta}_k) \cdot H$$

式中：W_f——土壤最大蓄水能力；

W_e——土壤有效蓄水能力（土壤有效库容）；

W_k—土壤死库容；

$\overline{\theta_f}$—根系层土壤平均田间持水率，%；

$\overline{\theta_k}$—凋萎系数，%。

从表 4-5 可以看出，在采用振动深松后，土壤最大蓄水能力、土壤有效蓄水能力较对照区分别提高 12% 和 12.8%。深松区土壤总库容较对照区增加了 65.5 mm，土壤总库容的增大在雨季可多涵蓄降水，减少地面径流。同时，多涵蓄的雨水在出现干旱的情况下可保证植物需水量，增加植物的抗旱天数。

表 4-5 0~50 cm 土壤深松前后的蓄水能力

处理	容重/（g·cm⁻³）	土壤水分常数/%			土壤蓄水能力/mm		
		θ_s	θ_f	θ_k	W_s	W_f	W_e
CK	1.46	43.50	41.89	13.27	217.5	209.4	143.10
ZS	1.25	51.46	42.63	13.27	283.0	234.5	161.48

注：深松后土层雍高 5~10 cm，按最小雍高计算深松土层为 55 cm。

2.蓄水量及有效调节能力

设某时刻根系层土壤含水量为 $\overline{\theta}$，则其相应的蓄水量为

$$W_a = 10\overline{\theta} \cdot H \qquad (4-12)$$

式中：W_a—根系层土壤的蓄水量，mm。

其中，有效水储水量为

$$W_e = W_a - W_k \qquad (4-13)$$

有效调节库容为

$$V_{ae} = W_f - W_a \qquad (4-14)$$

2008 年 5~9 月总降水量为 264.6 mm，其中 5 月、7 月和 9 月中旬降水量分别为 11.4 mm、71.5 mm 和 24.5 mm。表 4-6 为不同季节振动深松与对照区根系层土壤的蓄水量、有效储水量和有效调节库容。

表 4-6　土壤蓄水量及有效库容　　　　　　　　　　单位:mm

处理	春（5月中旬）				夏（7月中旬）				秋（9月中旬）			
	W_a	W_k	W_e	V_{ae}	W_a	W_k	W_e	V_{ae}	W_a	W_k	W_e	V_{ae}
CK	134.8	66.4	68.4	74.6	141.7	66.4	75.3	67.7	163.5	66.4	97.1	45.9
ZS	183.4	66.4	117.0	51.1	153.4	66.4	87.0	81.1	175.3	66.4	108.9	59.2

由于根系层有效储水量随着季节有明显的动态变化，有效调节库容则发生相应的变化，前者增加，后者减少；前者减小，后者增大。春末夏初雨季开始前，采用振动深松技术涵蓄了前一年秋冬季节的雨雪，为此，深松区根系层有效储水量为 117.0 mm，较对照区增加了 71.1%，为作物发芽提供了水分；进入夏季，深松区有效储水量较对照区增加了 15.5%；进入秋季后，深松区有效储水量较对照区增加了 12.2%。

（二）涵蓄降水的能力

水向土壤中入渗，这是衡量土壤接纳雨水能力的一个很重要依据，是喷灌和沟灌设计的重要指标。对深松和不深松的土壤进行入渗试验，结果表明，深松后较深松前不仅入渗速率（I）加大，而且入渗量（W）也加大，能够接纳较大强度的降雨而不产生地表径流，见表 4-7。

表 4-7　水向土中入渗试验（同心环法）

处理	累积曲线		速率曲线		相关系数 R	显著度
	a	b	α	β		
ZS	53.75	0.545	28.923	-0.455	0.994	$F<0.001$
CK	24.77	0.44	11.083	-0.56	0.992	$F<0.001$

另外，从土壤水的垂直渗透系数测定结果（表 4-8）看，深松层要比不深松层大得多，相差一个数量级。这样，不仅使降水很快地入渗到深层土壤储存在大孔隙当中，还有助于将土壤中的盐分淋溶到较深层土壤中，从而可降低主根系层土壤的 pH 值，有利于作物生长。

表 4-8　土壤水垂直渗透系数 K

处理	土层/cm	干容重/（g·cm⁻³）	K/（cm·min⁻¹）
ZS	0~20	1.12	7.2×10^{-4}
	20~40	1.32	4.2×10^{-4}
CK	0~20	1.41	5.2×10^{-5}
	20~40	1.48	1.9×10^{-5}

第二节　深松耕作对不同类型土壤水分特征曲线影响研究

　　土壤水分特征曲线能够表示土壤的基本特性，是进行土壤水分运动及溶质运移定量分析时必不可少的重要参数。除了可以进行土壤水吸力和含水率之间的基本换算，还可反映土壤中孔隙大小的分布、土壤持水性、土壤水分的有效性等。土壤水分特征曲线受多种因素影响，如土壤质地、土壤结构、土壤干体积质量、土壤水分及土壤温度变化过程等。此外，土壤膨胀收缩、所含吸附性离子的类型和数量等因素也影响土壤水分特征曲线。由于影响因素较多且关系复杂，目前尚不能从理论上推求基质势与含水率之间的关系，一般常用经验公式或简单模型表示。应用比较广泛的模型为 Van Genuchten 模型。

　　我国是农业大国，但同时又是人口大国，土地处于常年生产的疲劳状态而得不到休耕。连续多年的浅层翻耕或旋耕等传统的耕作方式造成我国土壤耕层浅、耕层内有效土壤少及犁底层坚实等严重问题。针对这些问题，振动深松技术在近年也得到快速发展。振动深松作为蓄水保墒的耕作技术能有效改善土壤物理结构，提高土壤孔隙度、增加土壤的持水能力。土壤水分特征曲线的研究多集中在非原状土壤，即土壤经过筛分后重新填装的土壤。近年来，针对土壤改良方面的土壤水分特征曲线的研究中，研究对象涉及植物混掺、不同施肥、含残膜等土壤，而对原状土及经过机械耕作措施后的土壤，特别是典型的几种土壤的水分特征曲线的研究鲜有报道。为此，兹以黑土区五种典型土壤为研究对象，深入分析经振动深松土壤改良措施后，土壤水分特征曲线的变异及其影响因素，探讨不同类型土壤的持水、保水和土壤水分有效性。

一、研究方法

（一）供试材料

试验选取土壤类型主要为中国东北地区典型的黑土、黑钙土、苏打盐碱土、水稻土、沙土 5 种土壤类型，试验分别在黑龙江省哈尔滨市（黑土）、甘南县（黑钙土）、安达市（苏打盐碱土）、庆安县（水稻土）、杜尔伯特蒙古族自治县（沙土）进行。供试土壤基本物理性质见表 4-9。

表 4-9　试验土壤基本物理性质

土壤类型	土层深度/cm	土壤干密度/（g·cm⁻³）	孔隙度	机械组成/%		
				黏粒	粉粒	沙粒
黑土	20～30	1.39	0.53	7	16	78
黑钙土	20～30	1.39	0.52	4	18	77
苏打盐碱土	20～30	1.36	0.54	9	28	63
水稻土	20～30	1.29	0.49	13	21	66
沙土	20～30	1.41	0.41	6	15	78

（二）试验方法

试验于 2014—2015 年进行。于上一年秋季将选定的试验地划分成 2 个区域：一个区域采用 1SZ-280 型多功能振动式深松机，通过振动源产生的机械振动进行深松作业。振动源输入轴转数 500 r/min，振幅 30 mm，该作业可在不破坏土壤上下层位的基础上使土体膨松，深松深度达 50 cm，可有效打破由于常年耕作而在 20～30 cm 形成的压实层，即犁底层。另一个区域保持原状作为对照，经过一个冬季的冻融循环及土壤自然沉实后于第二年春季播种前进行土壤采样。

在选定的不同类型土壤试验地对 2 个区域分别进行采样，用环刀取其原状土，分 0～10 cm、10～20 cm、20～30 cm、30～40 cm 共 4 层，每层取样 3 组，环刀为直径 50.46 mm、高 50 mm、容积 100 cm³ 的不锈钢（上下为铝盖）环刀。样品拿到室内后进行充分浸泡，浸泡饱和后先后放入吸力平板仪和压力膜仪进行土壤脱湿过程的原状土壤水分特征曲线的测定。吸力平板仪吸力测定 0～900 cm 水柱，压力膜仪吸力测定 901～15 000 cm 水柱。吸力测定值分别设为 2.5、8、15、30、60、90、100、150、200、300、600、900、1 000、1 500、2 000、3 000、6 000、15 000 cm 水柱。吸力平板仪为中国科学院南京土壤研究所徐富安教授的专利技术，由南京沧浪科技开发有限公司制作。压力膜仪为美国土壤水分公司生产的 1500F1 型 15 Bar 压力膜仪。

为了定量地研究土壤的持水能力及振动深松措施对 5 种土壤水分特征曲线的影响，通过经验公式和参数模型进行拟合。众多学者已经建立了许多数学模型，兹选取应用比较广泛的 Van Genuchten 模型（简称 VG 模型），并进一步分析 VG 模型拟合参数。VG 模型表达式为

$$\theta = \theta_r + \frac{\theta_s - \theta_r}{[1+|\alpha \cdot h|^n]^m} \qquad (4\text{-}15)$$

式中：θ——体积含水率；

θ_r——残留含水率；

θ_s——饱和含水率；

h——负压，cm；

α——与进气值有关的参数；

m，n——土壤水分特征曲线的形状系数，$m=1-1/n(n>1)$。

土壤水分特征曲线能够间接地反映土壤中的孔隙大小及分布，假设土壤中的孔隙为各种孔径的圆形毛管，则毛管孔隙直径 d 和土壤水吸力 h 的关系就可简单地表示为

$$h=4\sigma/d \qquad (4\text{-}16)$$

式中：σ——水的表面张力系数，室温条件下一般为 7.5×10^{-4} N/cm。

若土壤水吸力 h 的单位用 Pa，毛管孔隙直径 d 以 mm 为单位，则毛管孔隙直径 d 和土壤水吸力 h 的关系可表示为

$$d=300/h \qquad (4\text{-}17)$$

据已有研究，一般以土壤水势绝对值的对数值(P_F)为 2 时，即土壤水吸力为 100 cm 水柱时的土壤含水率为田间持水率；P_F 为 3.8 和 4.2 时，即土壤水吸力为 6 000 cm 水柱和 15 000 cm 水柱的土壤含水率分别为暂时凋萎含水率和永久凋萎含水率。

土壤水分特征曲线斜率的倒数即单位基质势的变化引起的含水率变化，称为比水容量，记为 C。C 值随土壤含水率或土壤水基质势（土壤水吸力）变化而变

化，故记为 $C(\theta)$ 或 $C(h)$，可表示为

$$C(\theta) = \frac{\partial \theta}{\partial h} \tag{4-18}$$

结合式（4-15），得到以土壤水吸力为变量的比水容量计算公式：

$$C(h) = \frac{\alpha m n (\theta_s - \theta_r)(\alpha h)}{[1 + |\alpha \cdot h|^n]^{m+1}} \tag{4-19}$$

（三）数据分析

统计分析采用 MATLAB 6.5 软件和 Excel 2010 进行。由于采用振动深松来改良土壤的目的就是打破常年耕作形成的犁底层，犁底层多存在于 20~30 cm，其他层位土壤水分特征曲线只在前期数据分析处理过程中作为参考，故只重点针对犁底层的土壤水分特征曲线数据进行分析。

二、振动深松对不同类型土壤水分特征曲线的影响

土壤水分特征曲线能够反映土壤的持水性能，通过试验获得 5 种土壤在振动深松前后的水分特征曲线。图 4-7 为土壤 20~30 cm 深土层的土壤水分特征曲线。

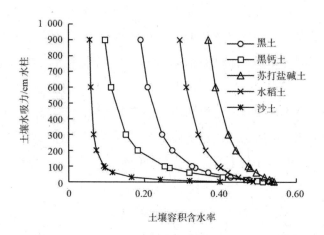

（a）未采取振动深松措施

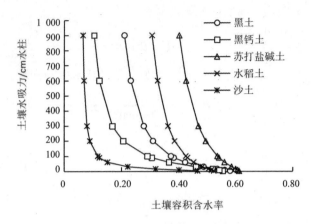

（b）采取振动深松措施

图 4-7　不同类型土壤的水分特征曲线（低吸力脱湿过程）

由图 4-7 可见，不同类型土壤水分特征曲线差异显著，土壤持水性能由高到低依次为苏打盐碱土、水稻土、黑土、黑钙土、沙土。在低吸力阶段，当土壤水吸力低于 100 cm 水柱时，随着土壤水吸力的增加，土壤含水率快速降低，其中苏打盐碱土降低得最少，沙土降低得最多，土壤水分特征曲线表现为此吸力阶段苏打盐碱土线型最平缓，沙土线型最陡；当土壤水吸力大于 100 cm 水柱时，随着土壤水吸力的增加，土壤含水率降低缓慢，其中苏打盐碱土降低得最多，沙土降低得最少，土壤水分特征曲线表现为此吸力阶段苏打盐碱土线型最陡，沙土线型最平缓。在相同的吸力下，振动深松后的土壤容积含水率均较未进行振动深松土壤的大，说明振动深松后的土壤持水性能好，有较强的持水能力。在吸力值大于 100 cm 水柱时，大孔隙中的水已排空，土壤中仅有细小孔隙中的水分存留，而细小孔隙由于毛管力作用对土壤水具有较大的吸力，持水性好，吸力增大，使这部分水不易失去。故增加相同的吸力从土壤基质中析出的水分较原状土少，表现在土壤水分特征曲线上就是曲线较为平直。对应苏打盐碱土、水稻土、黑土、黑钙土、沙土，当土壤水吸力为 100 cm 水柱时，经振动深松后的土壤含水率较原状土分别增加 6.0%、2.8%、4.6%、3.7%、2.7%；当土壤水吸力为 150 cm 水柱时，经振动深松后的土壤含水率较原状土分别增加 5.5%、2.5%、4.0%、2.9%、2.1%；当土壤水吸力为 1 500 cm 水柱时，经振动深松后的土壤含水率较原状土分别增加 2.5%、0.9%、1.7%、0.8%、1.0%。可见，振动深松措施显著提高了土壤的持水性能，且提高效果由高到低依次为苏打盐碱土、黑土、黑钙土、水稻土、沙土。

三、振动深松对不同类型土壤水分特征曲线参数的影响

应用基于非线性拟合函数改进的混合免疫蛙跳算法确定模型参数。该算法是将混合蛙跳算法、免疫算法、非线性拟合函数 LSQ curve fit 结合构造的一种新的混合免疫蛙跳算法。通过对 5 种类型土壤水分特征曲线进行拟合，确定土壤水分特征曲线模型参数，并将模型计算出的含水率值与实测含水率值进行残差平方和、相对误差分析以及差异显著性分析，结果见表 4-10。

表 4-10　土壤水分特征曲线 VG 模型参数

土壤类型		拟合参数				残差平方和	相对误差/%	F 值 ($F_{0.05}=4.35$)
		α	n	θ_s	θ_r			
未振动深松	黑土	0.049 4	1.351 5	0.534 7	0.067 5	9.82×10^{-5}	1.545	0.360
	黑钙土	0.031 9	1.647 4	0.515 5	0.042 2	8.87×10^{-6}	0.591	3.080
	苏打盐碱土	0.019 4	1.160 8	0.544 2	0.075 8	6.90×10^{-5}	1.543	0.231
	水稻土	0.031 8	1.192 5	0.490 9	0.079 4	1.12×10^{-6}	0.218	0.076
	沙土	0.121 2	1.859 3	0.417 3	0.049 2	3.87×10^{-5}	1.597	1.207
振动深松	黑土	0.038 1	1.372 1	0.585 7	0.073 2	3.24×10^{-4}	3.384	0.145
	黑钙土	0.026 5	1.689 4	0.556 8	0.049 2	2.67×10^{-6}	0.308	2.103
	苏打盐碱土	0.015 6	1.192 1	0.613 5	0.085 0	1.80×10^{-5}	0.694	0.007
	水稻土	0.027 3	1.215 2	0.525 6	0.087 1	7.62×10^{-5}	0.527	0.089
	沙土	0.090 0	1.870 9	0.477 3	0.057 4	7.95×10^{-5}	0.205	1.954

由表 4-10 可见，在 $\alpha=0.05$ 时，F 值均小于 $F_{0.05}$ 的标准值，说明含水率实测值和计算值无显著差异。另外，含水率实测值和计算值残差平方和较小，5 种土壤含水率拟合值与实测值的误差均小于 5%。VG 模型拟合试验取得了良好的效果，说明 VG 模型对 5 种土壤均适用。此外，振动深松后土壤的饱和含水率、残留含水率和形状系数 n 均大于原状土，饱和含水率和残留含水率绝对值分别增加了 3.47%~6.93%、0.57%~0.92%，形状系数 n 相对提高了 0.6%~2.7%。振动深松后的土壤参数 α 均小于原状土，比原状土相对降低了 14.2%~25.7%。可见，振动深松措施对土壤水分特征曲线参数影响较为明显的是 α 和 θ_s，而对 n 和 θ_r 的值影响很小。其对参数 α 的影响由高到低依次为沙土、黑土、苏打盐碱土、黑钙土、水稻土，对 θ_s 的影响由高到低依次为苏打盐碱土、沙土、黑土、黑钙土、水稻土。振

动深松后的土壤参数 α 均小于原状土, 即振动深松后的土壤平均孔隙直径均大于原状土, 这是因为振动深松后的土壤受到振动深松作业的作用其平均孔隙直径较大; 而原状土壤由于长期的耕作压实其平均孔隙直径较小, 因此振动深松后的土壤平均孔隙直径增大, 土壤参数 α 减小。

四、振动深松对不同类型土壤孔隙分布的影响

根据土壤水吸力公式计算所得的孔径称为当量孔径 d, 则土壤水分特征曲线可表示为当量孔径 d 和含水率 θ 的关系。取当量孔径值>0.02 mm、0.02~0.002 mm、0.002~0.000 2 mm 的 3 个阶段划分土壤的当量孔径分布, 则 5 种土壤的当量孔径分布比例见表 4-11。

表 4-11　不同类型土壤当量孔径分布比例

当量孔径/mm	未振动深松					振动深松				
	黑土	黑钙土	苏打盐碱土	水稻土	沙土	黑土	黑钙土	苏打盐碱土	水稻土	沙土
>0.02	23.79	30.57	8.69	11.28	33.44	24.93	31.84	10.09	12.31	37.44
0.02~0.002	12.44	12.83	10.92	10.24	2.62	14.80	14.87	13.97	11.75	3.75
0.002~0.000 2	5.70	2.99	8.36	6.97	0.36	6.53	3.19	10.21	7.67	0.51

由表 4-11 可知, 无论对应哪个级别, 采取振动深松措施后土壤的孔隙分布比例均有所提高, 但 0.02~0.002 mm 的当量孔径提高得最多, 平均提高了 2.02%; 其次为大于 0.02 mm 的当量孔径, 平均提高了 1.77%; 最后为 0.002~0.000 2 mm 的孔径, 平均仅提高了 0.74%。大于 0.02 mm 的当量孔径, 沙土比例高出最多为 4.0%, 其余土壤增加均小于 1.5%, 说明振动深松显著提高了沙土的大孔隙分布; 0.02~0.002 mm 的当量孔径, 黑土、黑钙土、苏打盐碱土、水稻土、沙土孔径分布比例分别提高 2.36%、2.04%、3.05%、1.52%、1.13%; 0.002~0.000 2 mm 的当量孔径, 苏打盐碱土孔径比例提高最多为 1.85%, 其余几种土壤提高均不足 1.0%。土壤的当量孔径越大, 土壤持水能力越弱, 释水能力越强, 大于 0.02 mm 的孔径中所持的水分更容易流失; 反之, 土壤的当量孔径越小, 土壤持水能力越强, 释水能力越弱, 0.002~0.000 2 mm 的孔径中的水分就不易释放, 被作物所利用; 恰恰

是中等吸力阶段的孔径，即 0.02 ~ 0.002 mm 的当量孔径中的水分更易被作物吸收利用。可见，振动深松的调节效果依次为苏打盐碱土、黑钙土、黑土、沙土、水稻土。

五、振动深松对不同类型土壤水分有效性的影响

据不同特征含水率计算并划分不同类型土壤采用振动深松措施前后的多余含水率（土壤水吸力小于 100 cm 水柱）、速效含水率（100 ~ 6 000 cm 水柱）、迟效含水率（6 000 ~ 15 000 cm 水柱）、有效含水率（100 ~ 15 000 cm 水柱）及无效含水率（大于 15 000 cm 水柱），结果见表 4-12。

表 4-12　土壤水分有效性

措施	土壤类型	多余含水率/%	速效含水率/%	迟效含水率/%	有效含水率/%	无效含水率/%	有效含水率与无效含水率比值
未振动深松	黑土	20.61	19.58	1.74	21.32	11.33	1.88
	黑钙土	26.11	19.58	0.71	20.29	5.09	3.99
	苏打盐碱土	6.83	18.16	2.98	21.14	26.39	0.80
	水稻土	9.28	16.79	2.42	19.21	20.49	0.94
	沙土	32.18	4.17	0.07	4.24	4.98	0.85
振动深松	黑土	21.16	23.14	1.96	25.10	12.15	2.07
	黑钙土	26.59	22.58	0.72	23.30	5.74	4.06
	苏打盐碱土	7.75	22.95	3.56	26.51	27.03	0.98
	水稻土	10.01	19.11	2.62	21.73	20.73	1.05
	沙土	35.63	5.97	0.10	6.07	5.82	1.04
差值	黑土	0.55	3.56	0.22	3.78	0.82	0.19
	黑钙土	0.48	3.00	0.01	3.01	0.65	0.07
	苏打盐碱土	0.92	4.79	0.58	5.37	0.64	0.18
	水稻土	0.73	2.32	0.20	2.52	0.24	0.11
	沙土	3.45	1.80	0.03	·1.83	0.84	0.19

由表 4-12 可见，经过振动深松后，不同类型土壤的各项含水率均有不同程度的增加。不论是否采取振动深松措施，黑土、黑钙土的有效水和多余水相差不大，占比较高；苏打盐碱土和水稻土的有效水和无效水相差不大，占比较高；而沙土的多余含水率占比最高，有效水和无效水相差不大，占比较少。除沙土的多余含水率增加较多为 3.45% 外，其余类型土壤均是有效水增加最多，特别是其中的速效水。有效水增加由高到低依次为苏打盐碱土、黑土、黑钙土、水稻土、沙土，分别增加 5.37%、3.78%、3.01%、2.52%、1.83%。从有效含水率与无效含水率的比值上可以看出，深松后，比值最高的黑钙土由 3.99 增加到 4.06；其次是黑土，由 1.88 增加到 2.07；苏打盐碱土、水稻土、沙土由 0.80、0.94、0.85 增加到 0.98、1.05、1.04。差值由大到小依次是：黑土为 0.19、沙土为 0.19、苏打盐碱土为 0.18、水稻土为 0.11、黑钙土为 0.07。综合分析可知，经振动深松改善土壤水分有效性效果最佳的为苏打盐碱土和黑土。

六、振动深松对不同类型土壤比水容量的影响

土壤释水可以通过 C 值（比水容量）进行量化，因此可以用 C 值进行土壤水分有效程度方面的评价。持水能力越强的土壤比水容量越大，相反有效水供给能力就越差。根据公式计算得到的 C 值见表 4-13。

由表 4-13 可见，当土壤水吸力小于 300 cm 时，比水容量 C 值并未呈现规律性变化，当水吸力大于 300 cm 时，不同类型土壤 C 值均随着土壤水吸力的增加而降低。并且，土壤经过振动深松后除沙土外 C 值均有不同程度降低，特别是当土壤水吸力为 6 000 cm 以上时，土壤水分不易被利用，C 值降低，说明相应的土壤持水能力降低，即有效供水能力增强。这进一步说明振动深松措施可以有效改善土壤的有效供水能力，且改善效果好的土壤是水稻土、黑土、苏打盐碱土。

表 4-13　不同类型土壤的比水容量　　　　单位：（ $\times 10^{-3}$ cm ）

土壤类型		土壤水吸力/cm							
		2.5	100	200	300	600	900	6 000	15 000
未振动深松	黑土	0.100	2.657	3.381	3.436	2.911	2.428	0.739	0.392

续表

土壤类型		土壤水吸力/cm							
		2.5	100	200	300	600	900	6 000	15 000
未振动深松	黑钙土	0.078	2.560	3.622	3.743	2.796	1.991	0.212	0.065
	苏打盐碱土	0.007	0.242	0.409	0.523	0.696	0.756	0.622	0.483
	水稻土	0.020	0.615	0.940	1.109	1.263	1.255	0.782	0.562
	沙土	2.051	2.844	3.046	2.755	2.342	0.696	0.356	2.051
振动深松	黑土	0.069	2.051	2.844	3.046	2.755	2.342	0.696	0.356
	黑钙土	0.061	2.132	3.248	3.555	2.880	2.089	0.202	0.058
	苏打盐碱土	0.006	0.219	0.382	0.500	0.693	0.768	0.620	0.459
	水稻土	0.018	0.564	0.887	1.067	1.245	1.245	0.744	0.515
	沙土	0.740	12.305	7.759	4.718	1.641	0.836	0.032	0.006
差值	黑土	−0.031	−0.606	−0.537	−0.390	−0.156	−0.086	−0.043	−0.036
	黑钙土	−0.017	−0.428	−0.374	−0.188	0.084	0.098	−0.010	−0.007
	苏打盐碱土	−0.001	−0.023	−0.027	−0.023	−0.003	0.012	−0.002	−0.024
	水稻土	−0.002	−0.051	−0.053	−0.042	−0.018	−0.010	−0.038	−0.047
	沙土	−1.311	9.461	4.713	1.963	−0.701	0.140	−0.324	−2.045

七、结论与讨论

　　振动深松耕作对不同类型土壤水分特征曲线影响表现出明显的差异，能显著提高土壤的持水性能，提高较多的为苏打盐碱土、黑土、黑钙土；对土壤水分特征曲线参数α和θ_s影响较大，表现明显的土壤为苏打盐碱土、沙土、黑土；有效提高了中吸力阶段，即土壤中 0.02 ~ 0.002 mm 当量孔径的比例，进而提高了土壤中易被作物吸收利用的水分，提高较多的是苏打盐碱土、黑钙土、黑土；显著提高了土壤有效含水率，特别是速效含水率，效果较佳的是苏打盐碱土和黑土；通过对土壤比水容量的影响来评价土壤水分的有效性，显著改善土壤有效供水能力的是水稻土、黑土、苏打盐碱土。试验结果也进一步验证了通过改善土壤结构、增加土壤毛管孔隙度等物理特性，可对土壤水分和持水性产生作用，其量的高低与土壤持水功能有重要的关系这一普遍存在的特性。综合各项指标分析得出结论，振动深松耕作对土壤水分特征曲线及其参数产生影响，进而改善土壤的有效供水能力，且效果最佳的是苏打盐碱土和黑土。

土壤结构影响土壤水分特征曲线的形状，特别是在低吸力范围。土壤持水能力高低取决于在一定土壤厚度条件下土壤容积密度和孔隙的大小，振动深松通过改善土壤结构、减低土壤容积密度和增加毛管孔隙度等对土壤水分和持水性产生作用，这与有关学者的研究，即通过其他方式改善土壤结构，达到增加土壤持水作用的原因研究结果是一致的。因此通过振动深松技术可以改善耕作层土壤结构，增加耕作层土壤水分，达到有效调控耕作层土壤水分的目的。本节研究也从机理上进一步证实了这一点。

本书研究仅开展了对振动深松前后土壤水分特征曲线的变化的研究，缺少试验 1 年后、2 年后、3 年后的试验及相关研究，而土壤水分特征曲线受土壤质地的影响很大，且是相当明显的，不同类型的土壤经过振动深松若干年后，其持水和保水效果定是不一样的，需要做进一步研究。

第五章　盐碱化草原水盐运移规律及再分布研究

国内外学者们从溶质运移的对流-弥散方程出发,通过室内控制试验,测定对流-弥散方程中的水动力弥散系数和孔隙水流速度,用有限差分法求解方程,分析了各主要参数对溶质运移的影响,成功模拟饱和-非饱和多孔介质中水分、能量、溶质运移的数值模型。其应用领域涉及节水灌溉、盐碱土改良、农药污染、放射性物质泄漏、核物质运动、环境污染物扩散等,为农业种植、工业生产和环境保护等提供了必要的科学依据。在水盐运移模型研究中,以质量守恒和动量守恒定律为基础,建立了对流-弥散传输模型、考虑源汇模型、传输函数模型等,这些土壤水盐运移模型的研究是在大量的实验和理论探索中进行的,基本上可分为物理模型、宏观水盐平衡模型、确定性模型和随机理论基础模型。雷志栋、杨诗秀等国内学者运用有限差分法、二阶有限二元法、特征差分法等对土壤水盐运移模型进行了数值模拟,奠定该领域的理论基础。在盐渍土水盐运移规律微观机理和区域性研究上,1984年张蔚榛提出了土壤水盐运移模拟的研究结果,阐述了土壤水分运动和溶质迁移的数学模型和参数确定的方法。1977—1988年石元春在提出地理学综合体概念的基础上,应用分区水盐均衡方法,对黄淮海平原水盐运动规律进行了宏观性的研究,其成果作为区域综合治理和水盐调节管理的科学依据。

以上研究,大多针对耕作土壤和盐渍土壤,为均质土壤。目前,对深松扰动土壤的水盐运移规律的研究尚未见报道。因此,有必要研究深松土壤下的盐碱土水盐再分布和水盐运移规律,为本项目提出的技术模式的开发利用提供理论依据。

第一节　水盐运移及再分布方法

一、试验材料

室内试验供试土样为选自安达市盐碱化草原的土壤，苏打盐碱土（NaCO₃+NaHCO₃）可达 90%以上，土壤中盐含量达 1.12%，平均 pH 值为 9.92。土样取回后，经碾压、粉碎、风干、过筛后备用。

二、研究方法

（一）非饱和土壤导水率 $K(\theta)$

通过试验测得的土壤水分特征曲线数据，采用 VG 模型方程来描述，并对该方程求导得到参数容水度 $C(h)$ 的值，再根据测得的饱和土壤导水率 K_s，计算得到非饱和土壤导水率 $K(\theta)$。

（二）非饱和土壤水扩散率 $D(\theta)$

采用急速干燥法测定。

1.测定原理

非饱和土壤水运动一般可按一维流偏微分方程来描述，其代表方程为

$$\frac{\partial \theta}{\partial t} = \frac{\partial}{\partial x}\left(D(\theta)\frac{\partial \theta}{\partial x} \right) \tag{5-1}$$

其定解的边界条件是

$t=0 \quad \theta=\theta_i \quad$ （初期土壤水分可视为一致）

$x=0 \quad \theta=\theta_s \quad$ （饱和状态）

$x=\infty \quad \dfrac{\partial \theta}{\partial x}=0$

为求解 $D(\theta)$ 的解析解，引入玻尔兹曼（Boltzman）变换，即引入与 θ 有关的 λ 函数 $\lambda = xt^{-\frac{1}{2}}$，得到

$$-\frac{\lambda}{2}\frac{\mathrm{d}\theta}{\mathrm{d}\lambda} = \frac{\mathrm{d}}{\mathrm{d}\lambda}\left(D(\theta)\frac{\mathrm{d}\theta}{\mathrm{d}\lambda}\right) \qquad (5\text{-}2)$$

水平浸润条件下的定解边界为

$$\lambda = \infty \text{ 时} \qquad \theta = \theta_i$$
$$\lambda = 0 \text{ 时} \qquad \theta = \theta_s$$
$$\lambda = \infty \text{ 时} \qquad \frac{\mathrm{d}\theta}{\mathrm{d}\lambda}\bigg|_{\theta=\theta_i} = 0$$

积分得到

$$D(\theta) = -\frac{1}{2}\frac{\mathrm{d}\lambda}{\mathrm{d}\theta}\bigg|_{\theta_x} \cdot \int_{\theta_i}^{\theta_x} \lambda\,\mathrm{d}\theta \qquad (5\text{-}3)$$

当 $t = t_1$，则有

$$D(\theta) = -\frac{1}{2}t^{-\frac{1}{2}}\frac{\mathrm{d}x}{\mathrm{d}\theta}\bigg|_{\theta_x} \int_{\theta_i}^{\theta_x} xt_1^{-\frac{1}{2}}\,\mathrm{d}\theta$$

$$= -\frac{1}{2t_1}\frac{\mathrm{d}x}{\mathrm{d}\theta}\bigg|_{\theta_x} \int_{\theta_i}^{\theta_x} x\,\mathrm{d}\theta \qquad (5\text{-}4)$$

急速干燥法的初始条件除了 $x=0$，$\theta=\theta_a$（$\theta_i > \theta_a$）外，其余同上。

2.测定方法

准备直径为 35～50 mm 的不锈钢圆环 15 个，其中：高度 3 mm 的 5 个，5 mm 的 5 个，10 mm 的 5 个；将土样经过风干、破碎和过筛后按振动深松土壤容重 1.13 g/cm³ 和对照区土壤容重 1.45 g/cm³ 把土装入筒内。将筒内的土用水浸润使其接近饱和含水率，将筒两端封闭，搁置 7～10 d，使筒内土壤水分达到均匀一致。试验时，首先将 3 mm 圆环一端打开，测定质量，然后用电吹风（400W，220V）按 1 min、3 min、5 min、10 min、15 min、25 min、35 min、45 min、60 min 时间段进行连续吹风并测定质量变化，测完之后，待土稍凉后拆卸不锈钢圆环并称其各段的土壤含水率。

根据试验数据绘制 θ–x 关系图，再根据计算出来的 D 和 θ 绘制 D–θ 关系线。

（三）土壤水分再分布试验

室内试验是以 50 cm×50 cm×80 cm 的有机玻璃箱装土成垂直土柱，一箱按原状土壤容重进行装填，土壤坚实（模拟对照区），一箱按经过振动深松后的土壤容重进行装填，土壤疏松（模拟深松区），供水采用人工降雨模拟器模拟天然降雨喷洒至土柱表面，降雨历时 1 h，降雨量 20 mm/h，并在土柱两侧分层安装自动监测盐分传感器和水势传感器，记录开始时间和结束时间，并设置数据采集时间，降雨时每 10 min 采集一次，降雨后每 60 min 采集一次，共持续采集 6 天。

第二节　土壤水盐运移规律研究

一、土壤水盐运移参数确定

1.非饱和土壤导水率 $K(\theta)$ 的确定

土壤水分特征曲线是土壤负压 h 和土壤含水率 θ 的关系曲线，是定量研究土壤水分运动的重要参数。土壤水分特征曲线的影响因素复杂，难以从理论上推导出确切的关系式，但通过大量的实验研究，人们已提出了一些经验公式来描述它，其中常见的有：Broods-Corey 模型，Gardner 模型，VG 模型和 Garder-Russo 模型等（徐绍辉 等，2002；姚其华 等，1992；许迪 等，1997）。目前国内外使用最为普遍的描述土壤水分特征曲线的方程是 VG 模型。

VG 模型由美国学者 Van Genuchten 提出，其表达式为

$$\theta = \frac{\theta_s - \theta_r}{\left[1 + |\alpha h|^n\right]^m} + \theta_r \quad (m = 1 - \frac{1}{n}, 0 < m < 1) \quad （5\text{-}5）$$

式中：θ—体积含水率，cm³/cm³；

θ_r—残留含水率，cm³/cm³；

θ_s—饱和含水率，cm³/cm³；

h—负压，cm 水柱；

α，n，m—土壤水分特征曲线形状参数。

采用 VG 模型可以较好地表征大多数土壤的水分特征曲线，另外其好处就是对该模型求导可得到另外一个重要参数容水度 $C(h)$，即

$$C(h) = \frac{\mathrm{d}\theta}{\mathrm{d}|h|} = \frac{(\theta_s - \theta_r) mn\alpha|\alpha h|^{n-1}}{\left[1 + |\alpha h|^n\right]^{m+1}} \qquad （5\text{-}6）$$

根据测定的饱和土壤导水率 K_s，得到非饱和土壤导水率 $K(\theta)$，即

$$K(\theta) = K_S \left(\frac{\theta - \theta_r}{\theta_s - \theta_r}\right)^{\frac{1}{2}} \left\{1 - \left[1 - \left(\frac{\theta - \theta_r}{\theta_s - \theta_r}\right)^{\frac{1}{m}}\right]^m\right\}^2 \qquad （5\text{-}7）$$

VG 模型中含有四个参数 α，n（其中 n 中含有 m），θ_s，θ_r，且为一非线性函数，本书采用 MATLAB 软件，调用其中的非线性曲线拟合函数 isqcurvefit，根据实测数据来确定 VG 模型参数（彭建平 等，2006）。

根据土壤水分特征曲线实测数据，由程序计算得到的四个参数见表 5-1。

表 5-1　四参数水分特征曲线拟合参数

取样点	土层深度/cm	拟合参数				$\theta_{计算}$与$\theta_{实测}$残差平方和范数
		α	n	θ_s	θ_r	
ZS	0~40	0.014 1	1.823 8	0.510 5	0.221 8	$2.623\,9 \times 10^{-4}$
	40~60	0.010 7	1.822 6	0.422 3	0.216 6	$1.530\,3 \times 10^{-6}$
CK	0~40	0.010 4	1.900 9	0.441 2	0.192 2	$1.070\,1 \times 10^{-5}$
	40~60	0.008 3	1.885 0	0.410 3	0.175 7	$3.062\,5 \times 10^{-4}$

通过分析比较，由参数模型确定的参数，其计算值和实测值拟合较好，另外从误差分析来看，$\theta_{计算}$和$\theta_{实测}$的残差平方和范数也较小，可以满足实际应用的需要。故通过得到的参数求得非饱和土壤导水率 $K(\theta)$，如图 5-1 所示。

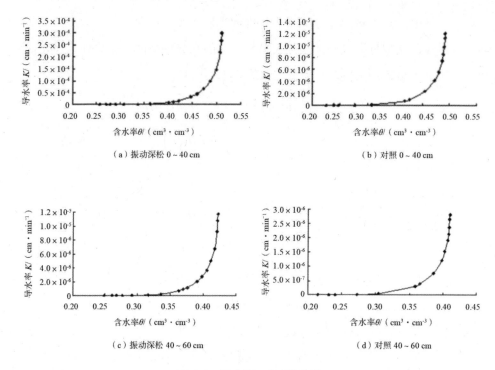

（a）振动深松 0~40 cm

（b）对照 0~40 cm

（c）振动深松 40~60 cm

（d）对照 40~60 cm

图 5-1　导水率 K 与 θ 的关系

2.非饱和土壤水扩散率 $D(\theta)$ 的确定

将苏打盐碱土按深松扰动容重 1.13 g/cm³ 和原状土容重 1.45 g/cm³ 填装，进行急速干燥试验，试验时间 t_1=60 min，取土测得土壤含水率分布，列于表 5-2，点绘图 5-2，并修成光滑曲线。

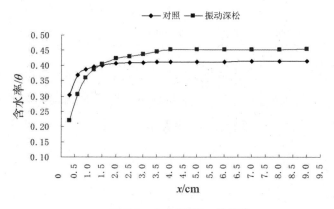

图 5-2　含水率 θ 与 x 的关系

表 5-2　急速干燥试验对照土样 $D(\theta)$ 值计算表

θ	CK					ZS				
	x	A	$F=\sum A$	$-\dfrac{\mathrm{d}x}{\mathrm{d}\theta}$	D	x	A	$F=\sum A$	$-\dfrac{\mathrm{d}x}{\mathrm{d}\theta}$	D
0.18						0.109				
0.19						0.152	0.001	0.001		
0.20						0.194	0.002	0.003	4.25	1.07×10^4
0.21						0.237	0.002	0.005	4.25	1.84×10^4
0.22						0.279	0.003	0.008	4.25	2.75×10^4
0.23						0.322	0.003	0.011	4.25	3.82×10^4
0.24	0.009					0.364	0.003	0.014	4.25	5.03×10^4
0.25	0.055					0.407	0.004	0.018	4.25	6.40×10^4
0.26	0.101	0.001	0.001	4.627	4.25×10^5	0.449	0.004	0.022	4.25	7.91×10^4
0.27	0.148	0.002	0.003	4.627	1.21×10^4	0.492	0.005	0.027	4.25	9.58×10^4
0.28	0.194	0.003	0.006	4.627	2.34×10^4	0.534	0.005	0.032	4.25	1.14×10^3
0.29	0.240	0.004	0.010	4.627	3.84×10^4	0.577	0.006	0.038	4.25	1.34×10^3
0.30	0.286	0.005	0.015	4.627	5.69×10^4	0.619	0.006	0.044	4.25	1.55×10^3
0.31	0.333	0.006	0.020	4.627	7.90×10^4	0.662	0.006	0.050	4.25	1.77×10^3
0.32	0.379	0.007	0.027	4.627	1.05×10^3	0.704	0.007	0.057	4.25	2.02×10^3
0.33	0.425	0.008	0.035	4.627	1.34×10^3	0.747	0.007	0.064	4.25	2.27×10^3
0.34	0.472	0.009	0.043	4.627	1.67×10^3	0.801	0.008	0.072	4.84	2.90×10^3
0.35	0.518	0.009	0.053	4.627	2.03×10^3	0.852	0.008	0.080	5.26	3.52×10^3
0.36	0.564	0.010	0.063	4.627	2.43×10^3	0.903	0.009	0.089	5.10	3.78×10^3
0.37	0.640	0.012	0.075	6.109	3.80×10^3	0.970	0.009	0.098	5.90	4.83×10^3
0.38	0.800	0.014	0.088	11.795	8.67×10^3	1.102	0.010	0.109	9.95	9.01×10^3
0.40	1.420	0.022	0.127	31.0	3.28×10^2	1.390	0.013	0.134	14.40	1.60×10^2
0.41	3.000	0.040	0.167	100.0	1.39×10^1	1.640	0.015	0.149	19.50	2.42×10^2
0.42	14.750	0.162	0.329	666.5	1.82	1.920	0.018	0.167	26.50	3.68×10^2
0.43						2.500	0.022	0.189	43.00	6.76×10^2
0.44						3.100	0.028	0.217	59.00	1.07×10^1
0.45						4.100	0.036	0.253	80.00	1.68×10^1
0.46						30.667	0.174	0.427	1 378.33	4.90

结合图 5-2 资料，按表 5-2 形式进行计算，其结果列于表最后一栏，并将 $D\sim\theta$ 关系点绘在单对数纸上，如图 5-3 所示。

表中：$A_1=(X_1+X_2)/2\times(\theta_2-\theta_1)$，以下类推；

$$\frac{\mathrm{d}x}{\mathrm{d}\theta}=\frac{x_3-x_1}{\theta_3-\theta_1}$$，以下类推；

$F_1=A_1$、$F_2=A_1+A_2$、$F_3=A_1+A_2+A_3$，以下类推；

$$D=-\frac{1}{2t_1}\frac{\mathrm{d}x}{\mathrm{d}\theta}\sum A。$$

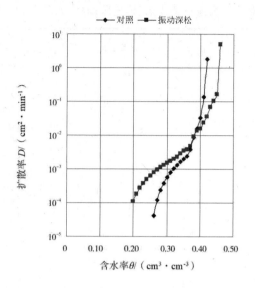

图 5-3　扩散率 D 与 θ 的关系

3.水动力弥散系数的确定

土壤水动力弥散系数 $D_{sh}(v,\theta)$ 根据同种土样的经验值给出（宋长春 等，2002）

$$D_{sh}(v,\theta) = 0.45|v| + 0.04 \times 0.005\, e^{10\theta} \tag{5-8}$$

二、土壤水盐运移模型的建立

目前国内外有关土壤中盐分迁移的模型研究有很多，总的来说主要有两类，一类为确定模型，一类为随机模型。前者注重研究过程，即对离子迁移的简单过程和这些过程的相互作用做数学的描述，用一组数据可以导出唯一的和可重现的预测；随机模型较少强调过程，只着重对一个给定特征的可能性进行预测。而要清楚描述盐碱化土壤环境中复杂组成和交互作用，必须强调过程。

土壤中盐分离子（溶质）存在于土壤水中，主要有以下几种迁移形式，即土粒与土壤溶液界面处的离子交换吸附运动、土壤溶液中离子的扩散运动、溶质随薄膜水的运动和溶质随土壤中自由水的运动。由于土壤中水流动的速度快，流量大，因此在土壤水分蒸发上升和地表降雨入渗过程中，水分对盐分的迁移起着主要的作用，在土壤溶液盐分浓度较大的情况下，盐分离子的扩散也对减少盐分含量有一定的作用，这些都是在建立模型过程中应综合考虑的问题。

（一）土壤中水分迁移模型

包气带土壤水分运动是控制非饱和土壤盐分迁移的主要因素，这是由于水是土壤中离子迁移的介质条件，水分迁移与离子迁移为一体，实际对方程求解过程中，在一个时间步长内，可将水分运动和离子运动分开求解，首先用有限差分法解水分运动问题，可以得到液速分布，在此基础上再解离子迁移问题（包括交换），求解剖面中离子浓度分布，并且包气带的土壤水可以做一维垂直处理。

水流在非饱和均质土壤中水分迁移的基本方程为

$$\begin{cases} \dfrac{\partial \theta}{\partial t} = \dfrac{\partial}{\partial z}\left[D(\theta)\dfrac{\partial \theta}{\partial z}\right] - \dfrac{\partial K(\theta)}{\partial z} & & \\ \theta = \theta_a & t = 0 & 0 \leqslant z \leqslant L \\ -D(\theta)\dfrac{\partial \theta}{\partial z} + K(\theta) = R(t) & 0 < t < t_1 & z = 0 \\ -D(\theta)\dfrac{\partial \theta}{\partial z} + K(\theta) = -E_s(t) & t_1 \leqslant t & z = 0 \\ \theta = \theta_a & t > 0 & z = 0 \end{cases} \tag{5-9}$$

式中：t—时间，min；

z—垂直方向空间坐标，cm，取向下为正；

θ—非饱和土壤含水率，cm^3/cm^3；

θ_a—均匀分布的初始含水率（体积含水率），cm^3/cm^3；

$R(t)$—降雨强度（未超过土壤入渗能力），cm/h；

$E_s(t)$—蒸发强度，cm/h；

$D(\theta)$—非饱和土壤扩散率，cm^2/min；

$K(\theta)$—非饱和土壤导水率，cm/min；

L—计算土层的厚度，cm。

（二）土壤中盐分迁移模型

离子在土壤中运动是一个复杂的物理化学过程，一方面水流在土壤中运动时，携带溶解物一起运动（主要包括对流和机械弥散），另一方面由于土壤剖面各点的土壤溶液浓度不同，土壤溶液本身发生扩散作用，同时离子交换、沉淀、溶解等作用共同影响溶质运动。根据国内外一些学者的研究成果，土壤盐分离子的运动主要是对流–扩散。

均质土壤中溶质离子迁移的一般对流–扩散方程为

$$
\begin{cases}
\dfrac{\partial(\theta c)}{\partial t}=\dfrac{\partial}{\partial z}\left[D_{\mathrm{sh}}(v,\theta)\dfrac{\partial c}{\partial z}\right]-\dfrac{\partial(qc)}{\partial z} & & \\[2mm]
c=c_{\mathrm{a}}(z) & t=0 & 0\leqslant z\leqslant L \\[2mm]
-D_{\mathrm{sh}}\dfrac{\partial c}{\partial z}+qc=qc_{\mathrm{R}}(t) & 0<t<t_1 & z=0 \\[2mm]
D_{\mathrm{sh}}\dfrac{\partial c}{\partial z}+cE_{\mathrm{s}}(t)=0 & t_1\leqslant t & z=0 \\[2mm]
c=c_{\mathrm{a}}(t) & t>0 & z=0
\end{cases}
\tag{5-10}
$$

式中：$c(z,t)$ —溶质的浓度，g/L；

D_{sh} 即 $D_{\mathrm{sh}}(v,\theta)$ —水动力弥散系数，$\mathrm{cm^2/min}$；

$\theta(z,t)$ —土壤含水率，$\mathrm{cm^3/cm^3}$；

$q(z,t)$ —土壤水分运动通量（渗透流速），cm/min；

$v(z,t)=q(z,t)/\theta(z,t)$ —孔隙平均流速，cm/min；

$c_{\mathrm{a}}(t)$ —初始的溶质浓度，g/L；

L —计算土层的厚度，cm；

$q=q(z,t)=R(t)$，cm/min；

$c_{\mathrm{R}}(t)$ —降水的溶质浓度，g/L。

（三）模型求解

模型求解主要采用数值法，隐式差分格式。

1.水分运移的计算

将水分运移基本方程离散化，写成有限差分格式，则任一内结点（i, $k+1$）处原方程的差分方程为

$$
\frac{\theta_i^{k+1}-\theta_i^k}{\Delta t}=\frac{D_{i+\frac{1}{2}}^{k+1}\left(\theta_{i+1}^{k+1}-\theta_i^k\right)-D_{i-\frac{1}{2}}^{k+1}\left(\theta_i^{k+1}-\theta_{i-1}^{k+1}\right)}{\Delta z^2}-\frac{\left(K_{i+1}^{k+1}+K_i^{k+1}\right)-\left(K_i^{k+1}+K_{i-1}^{k+1}\right)}{2\Delta z}
$$

$$
\tag{5-11}
$$

令 $r_1 = \dfrac{\Delta t}{\Delta z^2}$，$r_3 = \dfrac{\Delta t}{2\Delta z}$，上式经整理后可写为

$$-r_1 D_{i-\frac{1}{2}}^{k+1}\theta_{i-1}^{k+1} + \left[1 + r_1\left(D_{i-\frac{1}{2}}^{k+1} + D_{i+\frac{1}{2}}^{k+1}\right)\right]\theta_i^{k+1} - r_1 D_{i+\frac{1}{2}}^{k+1}\theta_{i+1}^{k+1} = \theta_i^k - r_3\left(K_{i+1}^{k+1} - K_{i-1}^{k+1}\right)$$

$i=1, 2, \ldots, n-1$ $\qquad\qquad$ （5-12）

或写为

$$a_i\theta_{i-1}^{k+1} + b_i\theta_i^{k+1} + c_i\theta_{i+1}^{k+1} = h_i \qquad i=2, \ldots, n-2 \qquad （5\text{-}13）$$

式中

$$\left.\begin{array}{l} a_i = -r_1 D_{i-\frac{1}{2}}^{k+1} \\[2mm] b_i = 1 + r_1\left(D_{i-\frac{1}{2}}^{k+1} + D_{i+\frac{1}{2}}^{k+1}\right) \\[2mm] c_i = -r_1 D_{i+\frac{1}{2}}^{k+1} \\[2mm] h_i = \theta_i^k - r_3\left(K_{i+1}^{k+1} - K_{i-1}^{k+1}\right), i=2,3,\ldots,n-2 \end{array}\right\} \begin{array}{l} i=1,2,\ldots,n-1 \end{array} \qquad （5\text{-}14）$$

当 $i=1$ 时，差分方程（5-12）可写为

$$b_1\theta_1^{k+1} + c_1\theta_2^{k+1} = h_1 \qquad\qquad （5\text{-}15）$$

$$h_1 = \left[\theta_1^k - r_3\left(K_2^{k+1} - K_0^{k+1}\right)\right] - a_1\theta_b \qquad\qquad （5\text{-}16）$$

当 $i=n-1$ 时，差分方程（5-13）可写为：

$$a_{n-1}\theta_{n-2}^{k+1} + b_{n-1}\theta_{n-1}^{k+1} = h_{n-1} \qquad\qquad （5\text{-}17）$$

$$h_{n-1} = \left[\theta_{n-1}^k - r_3\left(K_n^{k+1} - K_{n-2}^{k+1}\right)\right] - c_{n-1}\theta_a \qquad\qquad （5\text{-}18）$$

由式（5-13）、式（5-15）和式（5-17）形成三对角型代数方程组 $[A][\theta]k+1=[H]$，即

$$\begin{bmatrix} b_1 & c_1 & & & & \\ a_2 & b_2 & c_2 & & 0 & \\ & \ddots & \ddots & \ddots & & \\ & & \ddots & \ddots & \ddots & \\ 0 & & a_{n-2} & b_{n-2} & c_{n-2} \\ & & & a_{n-1} & b_{n-1} \end{bmatrix} \begin{bmatrix} \theta_1^{k+1} \\ \theta_2^{k+1} \\ \vdots \\ \vdots \\ \theta_{n-2}^{k+1} \\ \theta_{n-1}^{k+1} \end{bmatrix} = \begin{bmatrix} h_1 \\ h_2 \\ \vdots \\ \vdots \\ h_{n-2} \\ h_{n-1} \end{bmatrix} \qquad （5\text{-}19）$$

上列方程组（5-19）中除常数项系数 h_1 和 h_{n-1} 分别由式（5-16）和式（5-18）给出外，其余系数 a_i、b_i、c_i 及常数项 h_i 均由式（5-14）计算；式中[A]为 $n \times n$ 的三对角型系数矩阵，[H]为 $n \times 1$ 的常数项列阵，[θ]为 $n \times 1$ 含水量列阵。

由于方程是非线性的，需进行线性化处理。采用的是预报校正法，在计算中参数 D、K 是用三点法取平均，对步长选择进行了几种方案的比较。

2.盐分运移的计算

将盐分运移基本方程离散化，写成有限差分格式，则任一内结点（i, $k+1$）处原方程的差分方程为

$$\frac{\theta_i^{k+1}c_i^{k+1}-\theta_i^k c_i^k}{\Delta t}=\frac{(D_{\text{sh}})_{i-\frac{1}{2}}^{k+\frac{1}{2}}-N_{i-\frac{1}{2}}^{k+\frac{1}{2}}}{2\Delta z^2}(c_{i-1}^{k+1}+c_{i-1}^k-c_i^{k+1}-c_i^k)$$

$$-\frac{(D_{\text{sh}})_{i+\frac{1}{2}}^{k+\frac{1}{2}}-N_{i+\frac{1}{2}}^{k+\frac{1}{2}}}{2\Delta z^2}(c_i^{k+1}+c_i^k-c_{i+1}^{k+1}-c_{i+1}^k)\tag{5-20}$$

$$-\frac{q_{i+\frac{1}{2}}^{k+\frac{1}{2}}\left(c_i^{k+1}+c_i^k\right)-q_{i-\frac{1}{2}}^{k+\frac{1}{2}}\left(c_{i-1}^{k+1}+c_{i-1}^k\right)}{2\Delta z}$$

其中，

$$\left.\begin{array}{l}N_{(i\pm\frac{1}{2},k+\frac{1}{2})}=\dfrac{\Delta z}{2}q_{(i\pm\frac{1}{2},k+\frac{1}{2})}-\dfrac{v_{(i,k+\frac{1}{2})}v_{(i\pm\frac{1}{2},k+\frac{1}{2})}\Delta t\left(\theta_{(i,k+1)}-\theta_{(i,k)}\right)}{8}\\[4mm]q_{(i+\frac{1}{2},k+\frac{1}{2})}=D_{(i+\frac{1}{2},k+\frac{1}{2})}\dfrac{\theta_{(i,k+1)}+\theta_{(i,k)}-\theta_{(i+1,k+1)}-\theta_{(i+1,k)}}{2\Delta z}+K_{(i+\frac{1}{2},k+\frac{1}{2})}\\[4mm]q_{(i-\frac{1}{2},k+\frac{1}{2})}=D_{(i-\frac{1}{2},k+\frac{1}{2})}\dfrac{\theta_{(i-1,k+1)}+\theta_{(i-1,k)}-\theta_{(i,k+1)}-\theta_{(i,k)}}{2\Delta z}+K_{(i-\frac{1}{2},k+\frac{1}{2})}\\[4mm]v_{(i\pm\frac{1}{2},k+\frac{1}{2})}=\dfrac{q_{(i\pm\frac{1}{2},k+\frac{1}{2})}}{\theta_{(i\pm\frac{1}{2},k+\frac{1}{2})}}\\[4mm]\theta_{(i\pm\frac{1}{2},k+\frac{1}{2})}=\dfrac{1}{4}(\theta_{(i,k+1)}+\theta_{(i,k)}+\theta_{(i\pm1,k+1)}+\theta_{(i\pm1,k)})\end{array}\right\}\tag{5-21}$$

将差分方程整理后可写成

$$a_i c_{i-1}^{k+1}+b_i c_i^{k+1}+p_i c_{i+1}^{k+1}=h_i\tag{5-22}$$

式中，

$$a_{(i)} = N_{(i-\frac{1}{2},k+\frac{1}{2})} - \left(D_{sh}\right)_{(i-\frac{1}{2},k+\frac{1}{2})} - \Delta z q_{(i-\frac{1}{2},k+\frac{1}{2})}$$

$$b_{(i)} = \frac{\theta_{(i,k+1)}}{r} + \left(D_{sh}\right)_{(i-\frac{1}{2},k+\frac{1}{2})} - N_{(i-\frac{1}{2},k+\frac{1}{2})} + \left(D_{sh}\right)_{(i+\frac{1}{2},k+\frac{1}{2})} - N_{(i+\frac{1}{2},k+\frac{1}{2})} + \Delta z q_{(i+\frac{1}{2},k+\frac{1}{2})}$$

$$p_{(i)} = N_{(i+\frac{1}{2},k+\frac{1}{2})} - \left(D_{sh}\right)_{(i+\frac{1}{2},k+\frac{1}{2})}$$

$$h_{(i)} = -a_{(i)}c_{(i-1,k)} - p_{(i)}c_{(i+1,k)} - \left[\Delta z q_{(i+\frac{1}{2},k+\frac{1}{2})} + \left(D_{sh}\right)_{(i-\frac{1}{2},k+\frac{1}{2})} - N_{(i-\frac{1}{2},k+\frac{1}{2})} + \left(D_{sh}\right)_{(i+\frac{1}{2},k+\frac{1}{2})} - N_{(i+\frac{1}{2},k+\frac{1}{2})} - \frac{\theta_{(i,k)}}{r}\right]c_{(i,k)}$$

其中，$r = \dfrac{\Delta t}{2\Delta z}$

在各内结点处按式列方程，同时利用给出的边界条件，便可形成三对角型的求解代数方程组。求解方法及参数取值等问题如水分运移求解所述。

三、数值模拟及可靠性检验

田间土壤水分运动是一个十分复杂的问题，只有分清主次，并对实际问题做必要的简化，才能对这一数值问题进行模拟。在本书研究中假定土壤水盐在平面上的分布是均匀的，仅考虑垂直向的一维流动，根据建立的数学模型，采用迭代法进行计算，应用 Delphi 语言编写程序，由计算机来实现，模拟土壤水盐的运动规律，即可由已知的初始含水率、含盐量、降雨量、土壤蒸发率，及确定的土壤水盐运动参数，计算出不同时间的含水率和含盐量分布，用无植被覆盖的土壤水盐的宏观数学模型加上定解条件，用数值计算方法求解，便得到土壤水盐的动态变化过程。把计算值（模拟值）与实测值进行比较，求出模拟值与实测值的偏离程度，从而验证所建立模型的可靠性。

图 5-4 至图 5-7 为降雨停止后振动深松与对照区土壤水分、盐分剖面的模拟值与实测值的比较结果。可以看出，不同深度土层内实测的平均含水率及含盐量与模拟计算值基本吻合，误差平均小于 10%，说明从土壤水盐运动的基本方程出发建立的水盐运移模型是正确的，可以用于模拟振动深松和对照情况下的土壤水分运动及盐分运移规律研究。

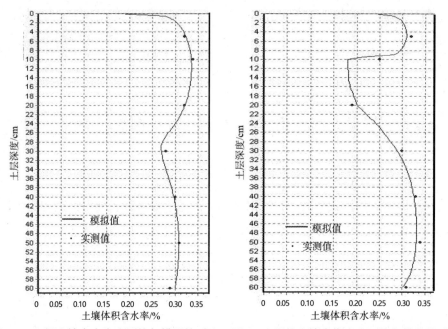

图 5-4　深松土壤含水率实测值与模拟值对比　　图 5-5　原状土壤含水率实测值与模拟值对比

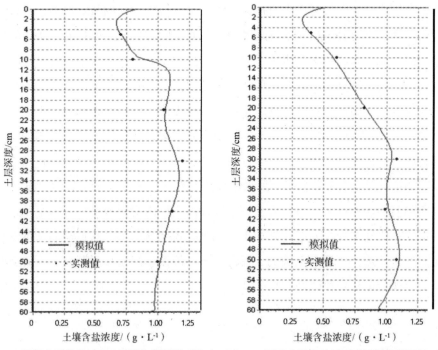

图 5-6　深松土壤盐分浓度实测值与模拟值对比　　图 5-7　原状土壤盐分浓度实测值与模拟值对比

第三节　土壤水盐再分布研究

一、土壤水盐再分布的模型模拟

再分布是田间水分循环的过程之一，是入渗的后续过程。在降雨或喷洒停止后，单纯入渗过程即结束。虽然土壤入渗过程结束了，但在土壤剖面仍存在水势梯度，土壤水分在水势梯度的作用下仍继续移动和重新分配，直至土壤剖面不存在水势梯度。当地下水埋藏较深或者入渗后土壤不是全部饱和，土壤水在水势梯度下的重新分布过程就称为土壤水再分布。再分布开始后，整个土体水分运动属于非饱和状态，非饱和土壤水的再分布过程是一个复杂的过程，因为湿润锋以下较干燥的土层从剖面上部吸水，含水量增加，湿润锋上层剖面的含水量减少。再分布速率随时间推移的变化情况不仅依赖于土壤的水力性质、起始湿润深度和下部土层的干燥程度，还受滞后效应的影响。

图 5-8、图 5-9 是模型计算得到的苏打盐碱土表土蒸发时振动深松和对照的水分分布情况。以 20 mm/h 的强度喷洒 180 min，入渗结束后表土以 5 mm/d 的强度蒸发。除因受向上的吸力梯度作用，部分水分向上移动耗于表土蒸发外，整个剖面尚受有重力梯度及湿润前沿向下的吸力梯度作用，部分水分仍将向下运移。该图可以清楚地反映土壤水再分布过程的一些性质：上部湿润土层一直处于排水状态，但排水速率逐渐降低；下部土层起始被湿润，后来开始排水；湿润锋湿润速率逐渐减缓，而且入渗过程中的湿润锋也在再分布过程中逐渐消散。

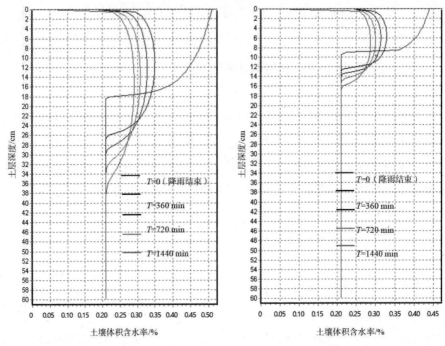

图 5-8　振动深松土壤水分再分布模拟　　图 5-9　原状土壤水分再分布模拟

由图可知，再分布的初始湿润深度基本上为再分布过程中吸水区和脱水区的分界点。在整个深度上脱水–吸水过程交替出现，初始湿润层的剖面含水率逐渐降低，而初始干燥层的剖面含水率则逐渐增加，初始湿润层基本上以脱湿过程为主，而初始干燥层基本以吸湿过程为主。与入渗结束时相比，随再分布时间的延长，初始湿润层内水量递减速率趋于减小，剖面含水率的差异也逐渐缩小。可见再分布过程将入渗接收后较陡的水分剖面拉直，使之变平缓，土壤剖面水分含量也趋于均一。

此外，由图 5-10、图 5-11 可见降雨结束时，振动深松土壤入渗的深度已达 18 cm，明显高于原状土壤的入渗深度 9 cm，而且再分布过程开始后，振动深松土壤湿润锋的前进速率也明显比原状土壤快，再分布 2 d 时，振动深松土壤的湿润锋前进深度已到达 34～36 cm，而原状土壤的湿润锋前进深度只到达 14～16 cm，这是由于振动深松活动引起土壤大孔隙体积的增加，明显地增加了土壤的孔隙度，扩大了土壤中水分下渗的通道，且由此引起的田间地面粗糙程度的增加也为积水入渗创造了微地形条件。由于振动深松后的土壤具有较高的水分传导能力，在降雨频繁的湿润年，振动深松可增加降雨的有效入渗及土壤水下排，从而达到降盐排盐的目的。

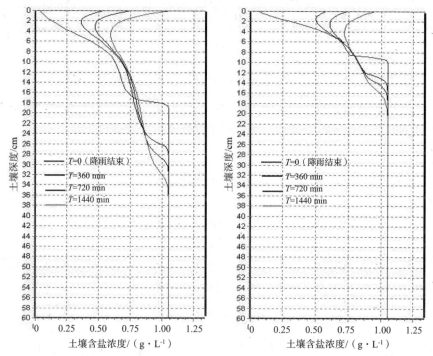

图 5-10　振动深松土壤盐分再分布模拟　图 5-11　原状土壤盐分再分布模拟

　　土壤盐分随水分运动而迁移，入渗结束后，在土壤水分继续迁移的过程中，盐分也随之变化。土壤中水分不断向下运动必然引起溶于其中的盐分随之运动。再分布过程中盐分的运动方式与入渗过程对盐分淋洗的作用和机理类似，其区别在于入渗过程中水分运动的速度快，而盐分再分布则相对慢。由图 5-10、图 5-11 可见，降雨结束时盐分浓度在土表最低，并随深度增加而逐渐增加。再分布的盐分浓度由于蒸发作用，10 cm 以上土层内盐分浓度有逐渐增加的趋势，并且越接近土表盐分浓度越高，但在 10 cm 以下，盐分浓度是降低的趋势，且随着深度的增加盐分浓度降低的速度和幅度越来越小，表明再分布使盐分向更深层移动并积累。此外与入渗过程相比，再分布盐分浓度剖面中，小于入渗前含盐浓度的深度有所增加，表明再分布使土壤更深层次脱盐。此外，盐分锋面随湿润锋的推进也再向下移动，再分布过程延续了入渗之后水的运动，也延续了对盐分的淋洗作用，只是由于湿润锋运行速度减慢，对盐分淋洗的速度也比入渗过程慢。

　　此外，入渗结束时，振动深松土壤的盐分锋面已到达 16~18 cm，而原状土壤的盐分锋面仅到达 8~10 cm，而且再分布开始后，振动深松土壤的脱盐速度也明显要比原状土壤快，再分布 1 d 后，振动深松土壤随着水分的运动，盐分锋面已到达 34 cm，而原状土壤刚到达 18 cm，说明随着振动深松土壤水分向下运动速度加快，盐分运移速度也加快，并且振动深松的作用使得土壤 40 cm 以上土层内的孔隙增加，在加速水分向深层运移的同时，也加快了盐分向更深层运移、积累和排出，从而达到了降盐脱盐的目的，使得盐分更快、更好地脱离作物根系层，从而达到降低作物根系层盐分，更有利于作物生长发育的目的。

二、室内水盐再分布试验研究

（一）降雨入渗后土壤水分的再分布过程

研究田间土壤水分运动时，溶质势一般不考虑，一般均指土壤基质势，土壤水的基质势是随土壤含水率变化的，土壤基质对水分吸持作用的大小与土壤中所含水量的多少有关。因此，非饱和土壤水的基质势是土壤含水率的函数，基质势越大（负的越少）则吸力越低，基质势越小（负的越多）则吸力越高，土壤水自发的趋势是由吸力低处向吸力高处流动，即土壤水分由水势高处向水势低处运动（雷志栋 等，1988）。故可以通过土壤水势的再分布来反映土壤水分的再分布。

振动深松后土壤水势的动态变化如图 5-12 所示，在降雨停止 1 h 后，10 cm 内土壤水势的绝对值仍在下降，表明土壤含水量继续增加，这是由于该土为苏打盐碱土，土壤渗透速度比较慢，在降雨停止后土壤表层产生积水，土壤湿润锋位置在 10~20 cm 处，在降雨停止 4~12 h 时，10 cm 以上土壤水势基本维持不变，湿润锋位置下移到 15~25 cm，下移速度相对较慢，至停止降雨 72 h 时，由于蒸发作用，10 cm 以上土壤水势变化较为明显，土壤水势的绝对值升高，湿润锋下移至 20~30 cm，至停止降雨 144 h 时，降雨入渗的土壤水分再分布过程仍在继续，20 cm 以上土层继续蒸发，湿润锋下移至 30~40 cm，40 cm 以下的土壤水分基本保持不变。

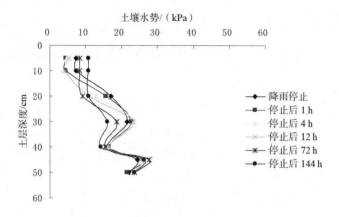

图 5-12　振动深松土壤水势的再分布过程

对照区土壤水势动态变化（图 5-13）表明，在降雨停止 1 h 后，10 cm 内土壤水势的绝对值仍在下降，表明土壤含水量继续增加，土壤渗透速度比较慢，在降雨停止后土壤表层产生积水，土壤湿润锋位置在 10～20 cm 处，在降雨停止 4 h 时，由于蒸发作用，10 cm 以上土壤负压降低，30 cm 土壤负压也降低，在降雨停止后 12～72 h，土壤水势继续由高处向低处运移，且湿润锋位置上移，至降雨停止后 144 h，在土壤水势梯度的作用下水分继续向上层移动，只不过上移速度相对较慢，趋于平缓，40 cm 以下土壤水分基本保持不变。

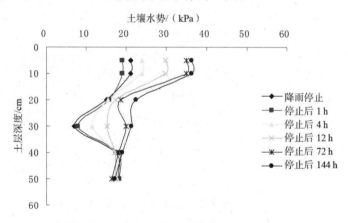

图 5-13　对照区土壤水势的再分布过程

由于两个土槽装土的初始含水率不一致，所以曲线形状不同，但从水势再分布趋势可以看出，模拟振动深松的土槽，水势再分布可以到达 40 cm 土层，而模拟原状土槽（对照）的水势再分布只能到达 30 cm。而且由于蒸发作用，模拟原状土槽的表层土壤水势变化幅度明显大于模拟振动深松土壤的。

（二）降雨入渗后土壤盐分的再分布过程

土壤中的水溶性盐是强电解质，其水溶液具有导电作用，其导电能力的强弱可用电导率表示。在一定的浓度范围内，溶液的含盐量与电导率呈正相关，含盐量越高，溶液的渗透压越大，电导率也越大。因此，土壤浸出液的电导率的数值能反映土壤含盐量的高低，特别是土壤溶液中几种盐类间的比值比较固定时，用电导率值测定总盐分浓度的高低是相当准确的（雷志栋 等，1988）。故可以通过电导率的再分布来反映土壤盐分的再分布。

降雨后振动深松土壤的电导率变化（图5-14）表明，降雨停止后1 h，20 cm以上土层内电导率继续降低，但降低的幅度不大，到降水停止后4 h，仅10 cm以上土层内电导率有变化，但是却增高，这是由于蒸发的作用，至降雨停止后12 h，虽10 cm以上土层内电导率仍继续升高，但20 cm处电导率却明显下降，降雨停止后72 h时，电导率变化趋势同12 h时，20～30 cm处电导率也开始下降，而至降雨停止后144 h，30 cm以上土层电导率均开始增加，10 cm以上土层电导率增加幅度稍高，40 cm以下电导率基本没有变化。

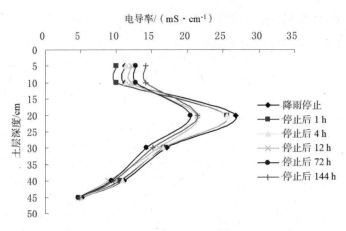

图 5-14　振动深松土壤电导率的再分布过程

降雨后对照区土壤的电导率变化（图5-15）表明，降雨停止后1 h，10 cm以上土层内电导率迅速降低，且降低幅度较大，降雨停止后4～12 h，10 cm以上土层内电导率又逐步增加且增加幅度较高，而降雨停止后72～144 h，电导率虽继续增加，但增加幅度较小，20 cm以下电导率基本没有变化。

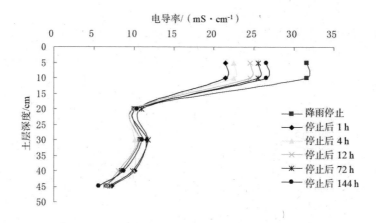

图 5-15　对照区土壤电导率的再分布过程

　　虽然两个土槽的起始电导率不同，但从变化趋势可以看出，经过振动深松的土壤 20～30 cm 电导率明显降低，未经振动深松的土壤在 20 cm 土层以下电导率基本没有变化，并且由于蒸发作用，表层土壤的电导率有所增加，且振动深松土壤的电导率增加幅度明显低于未振动深松的土壤。

第六章　盐碱化草原水盐空间变异性研究

土壤盐分是土壤特性中最活跃和复杂的一部分。受土壤性质、气象、地形、地下水文及长期地球化学过程等自然条件和耕作、灌溉等人类活动因子的影响，土壤水分、盐分的分异状态在一定程度上反映了土壤各层的盐渍化程度和状态。本章运用地统计学研究 0 ~ 40 cm 土层改良前后土壤水分、盐分等特性的空间和时间变异规律，利用计算机及相关统计理论模块等软件，以地理信息系统 ArcGIS 为平台，建立土壤水分、盐分、容重、产量等图形数据和属性数据相结合的信息数据库，研究区域土壤特性空间分异特征，建立其空间分异模型和空间分布图，直观地表现各特性的空间变异规律。

第一节　空间变异性研究方法

一、试验材料

本试验在安达市重度盐碱化草原试验区进行，土壤 pH 值为 10.32，采用振动深松+康地宝+播种的技术模式改良盐碱化草原。分别对改良第 1 年（ZSK-1）、改良第 2 年（ZSK-2）、改良第 3 年（ZSK-3）、改良第 4 年（ZSK-4）、改良第 5 年（ZSK-5）和对照区（CK）6 个试验小区布设调查取样点。具体做法：每个试验区选取 1 000 m² 面积作为研究区域，将试验区按 25 m×25 m 的栅格均匀分割成网格状和 25 个交叉点，在网格交点处采样，即每个试验区设采样点 25 个，栅格采样布置方案见图 6-1。盐碱土地区的土壤水分、盐分、容重等不仅在平面存在变异性，在剖面上的分布也表现着一定的差异性，因此对土壤进行分层取样。每个采样点分成 3 层采样，即 0 ~ 10 cm、10 ~ 20 cm、20 ~ 40 cm，分别测定各层的土壤含水率、盐分、容重、硬度等，同时测定该点的牧草株高和产量。测定日期为 2008 年 8 月 23 ~ 28 日牧草收割前，采样期间未出现降雨。利用 GPS 和百米绳进行采样点空间位置的确定。

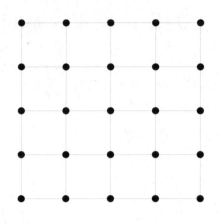

图 6-1　栅格采样方案

二、指标测定方法

土壤含水量是描述土壤墒情最直接的方法，本试验采用传统的烘干法测定。

土壤容重指单位容积烘干土的质量。土壤容重越小，表明土壤越疏松，通透性越好，盐分越容易被淋洗；反之，土壤容重越大，表明土壤越紧实，结构性和通透性差。本试验采用环刀法测定。

土壤硬度是粒径组成、孔隙度、含水状况等的综合表现。本试验采用山中式土壤硬度计进行测定。

土壤盐分采用意大利哈纳公司生产的原位电导率仪进行测定。

牧草株高和产量采用取样点法，每点取 1 m² 的牧草作为样本，每小区采 3 个样本。株高用卷尺测量。

三、数据分析方法

本试验采用地统计学进行盐碱化草原水盐空间变异性研究。地统计学（Geostatistics）是以区域化变量、随机函数和平稳性假设等概念为基础，以半方差函数为主要工具，以克里金空间插值法为手段，研究在空间分布上既有随机性又有结构性，或空间相关和依赖性的自然现象的科学（姜秋香 等，2008）。其主要理论是法国统计学家 G.Matheron 创立的，经过不断完善和改进，目前已成为具有坚实理论基础和实用价值的数学工具，是空间变异理论最主要的研究方法。20

世纪 80 年代初期,侯景儒开展了多元及非参数地质统计学理论分析及在金属矿床的应用研究,并在多元地质统计学、稳健地质统计学及条件模拟等方面有了开拓性进展,逐渐扩大为广义的空间信息统计学。90 年代中期,一些学者也开始利用地质统计学方法在土壤特性空间变异中进行研究,主要集中在多孔介质中重金属和盐分含量的空间变异特征及分布规律方面。

地统计学中空间变异规律分析主要包括结构分析和空间局部估计两部分。结构分析的目的是建立最优变异函数理论模型,定量地描述区域化变量的随机性和结构性。结构分析主要包括区域化变量的选择、数据统计分析和预处理、变异函数和拟合模型。区域化变量结构分析是空间变异性分析的重要部分,分析结果将直接影响到局部估计的精度。空间局部估计的目的是为区域化变量做出最优的插值结果,利用 ArcGIS 做出区域化变量空间分布图,并对空间分布情况进行专业分析。

（一）半方差函数

半方差函数是地统计学中研究空间变异性的工具函数,用来表征随机变量的空间变异结构。假设随机函数均值稳定,并且其协方差 $Cou[Z(x)，Z(y)]$ 只取决于样本点 x 和 y 之间的距离 $|x-y|$,即随机变量满足二阶平稳假设时,则半方差函数 $r(h)$ 可以定义为随机函数 $Z(x)$ 增量方差的一半,即

$$r(h) = \frac{1}{2}\text{var}[Z(x) - Z(x+h)] \qquad （6\text{-}1）$$

计算公式为

$$r(h) = \frac{1}{2N(h)}\sum_{i=1}^{N(h)}\text{var}[Z(x_i) - Z(x_i+h)]^2 \qquad （6\text{-}2）$$

式中：h—样本间距；

　　　x—采样位置；

　　　$Z(x_i)$—采样点 x 处的区域化变量实测值；

　　　$N(h)$——间距为 h 的样本对数。

半方差函数一般用变异曲线来表示。将由半方差函数计算得到的值点绘到半

方差图上，用于拟合半方差图的曲线方程称为半方差函数的理论模型。当定量描述整个研究区域的变异特征时，还需要建立变异函数的理论模型。常用的有线性无基台值模型、球型模型、指数模型。

$$r(h)=c_0+ch/a \qquad h \geqslant 0 \qquad\qquad (6\text{-}3)$$

球型模型（图6-2）为

$$r(h) = \begin{cases} c_0 + c & h > a \\ c_0 + c\left(\dfrac{3h}{2a} - \dfrac{h^3}{2a^3}\right) & 0 \leqslant h \leqslant a \\ 0 & h = 0 \end{cases} \qquad (6\text{-}4)$$

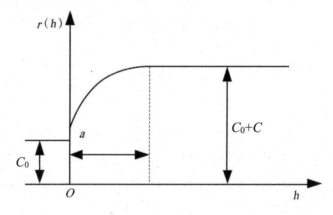

图6-2　球型模型半方差函数曲线示意图

指数模型为

$$r(h) = \begin{cases} c_0 + c(1 - e^{\frac{-h}{a}}) & h < 0 \\ 0 & h = 0 \end{cases} \qquad (6\text{-}5)$$

式中：c_0——块金常数，反映当采样间距远大于小结构的变程时不能区分出来的那些变化性的总和；

c_0+c——基台值；

c——拱高；

a——变程。

（二）克里金空间插值（Kriging）

克里金空间插值法又称空间局部插值法，建立在变异函数理论及结论分析基础上，在有限区域内对区域化变量的取值进行无偏最优估计的一种方法。克里金法用于局部估计，关键要解决两个问题：一是列出并求解克里金方程组，以求得各克里金权系数值；二是求得这种估值的最小估计方差——克里金方差值。

设 $Z(x)$ 为所研究直线的确定点上的一维区域化变量，它满足二阶平稳及内蕴假设，其周围在相关范围内有 n 个已测定值 $Z(x_i)(i=1,2,\ldots,n)$，需对该线状空间上某点 x_0 的参数进行估值。若该点的真值为 $Z(x_0)$，估值为 $Z^*(x_0)$，设估值符合线性地质统计的线性假设，则估计公式为

$$Z^*(x_0) = \sum_{i=1}^{n} \lambda_i Z(x_i)$$

（6-6）

式中：λ_i——与 $Z(x_i)$ 位置有关的加权系数。

要使估测最优必须满足

无偏条件

$$E\left\{Z(x_0) - Z^*(x_0)\right\} = 0$$

（6-7）

最优条件

$$\sigma_K^2 = E\left\{[Z(x_0) - Z^*(x_0)]^2\right\} = \min$$

（6-8）

方差的估计公式为

$$S = 2\sum_{i=1}^{n} \lambda r(x_i - x_0) - \sum_{j=1}^{n}\sum_{i=1}^{n} \lambda_i \lambda_j r(x_i - x_j) - 2\mu(\sum_{i=1}^{n} \lambda_i - 1)$$

（6-9）

式中：μ——拉格朗日常数。

当使方差的估计为最小时，可以推导出计算权重的克里金线性方程组，该线性方程组的解即为权重 λ_i，λ_n 和 μ。由此可以计算出估计值 Z^*。通过对未知点随机变量的估计值可以绘出克里金空间插值图。

第二节　试验原始资料分析

试验中测定了土壤的若干物理、化学、生物量指标，主要是为了揭示深松前

后土壤水分和盐分空间分布规律及改良后生态恢复变异程度。因此以 40 cm 土层内的土壤含水率、容重、硬度、含盐量、株高、产量为研究的区域化变量，并且每个采样点的指标值都采用 3 点平均值。

一、数据审议

在进行地理统计学分析前，为了保证分析结果的科学性、可靠性，对数据进行了检查和预处理，剔除特异值的影响，需进行数据审议。数据审议包括特异值的识别和处理。本书主要采用平均值加标准差法对特异值进行识别和处理。平均值加标准差法为实测值的上下限数值的平均值加二倍标准差。当实测值大于二倍标准差时即作为可疑特异值进行检查核对，分别对未去除特异值和去除特异值后的数据进行统计分析，通过分析结果来比较特异值对数据分布的影响。

表 6-1 和表 6-2 分别为特异值去除前后的统计结果，从表 6-1 可以看出，未去除特异值前，标准差最大值达到 6 169.1，数据离散程度较大，偏度系数和峰度系数的绝对值远远大于 0，偏度系数最大值 4.35，峰度系数最大值为 20.46，未进行特异值处理前数据大多数不符合正态分布。去除特异值后数据的均值与中值差值变小，变异系数也相对降低，峰度系数和偏度系数值更加接近于 0，数据比较符合正态分布。按照变异系数（$c.v.$）的大小划分等级有：弱变异性，$c.v.<0.1$；中等变异性，$1.0<c.v.<0.1$；强变异性，$c.v.>1.0$（雷志栋 等，1985）。其中，各试验区土壤容重变异系数在弱变异区间，说明各试验区土壤质地比较均匀；对照区和改良第 1 年牧草株高和产量的变异系数呈现了强变异性，说明该指标在水平方向变异性大，这主要是由于采样点属于重度盐碱化草原，植被覆盖率小于 30%，株高空间变异性大。且重度盐碱化草原改良需要一个逐步恢复的过程，因此改良第 1 年产量出现了强变异性。除上述指标外，其余指标均为中等变异。

表 6-1 土壤水分、盐分等指标未去除特异值的统计分析

处理	指标	土层深/cm	均值	中值	最大值	最小值	标准差	变异系数/%	偏度	峰度
CK	含盐量/（g·L⁻¹）	0~10	5.54	6.20	8.19	0.97	2.06	37.20	-1.04	0.23
		10~20	5.53	5.89	7.49	1.19	1.58	28.54	-1.27	1.28
		20~40	5.52	6.14	7.45	1.46	1.69	30.66	-1.43	0.91

续表

处理	指标	土层深/cm	均值	中值	最大值	最小值	标准差	变异系数/%	偏度	峰度
CK	硬度/(kg·cm⁻²)	0~10	10.43	9.00	34.00	2.67	6.56	62.93	2.20	6.42
		10~20	9.36	9.00	16.67	3.00	3.39	36.19	0.23	-0.35
		20~40	6.47	6.67	13.33	1.60	2.62	40.48	0.48	0.60
	含水量/%	0~10	17.02	18.46	25.20	7.45	4.61	27.08	-0.64	0.01
		10~20	19.72	18.82	26.15	12.31	3.39	17.20	-0.01	-0.37
		20~40	21.13	20.53	27.33	17.24	2.60	12.29	1.01	0.75
	容重/(g·cm⁻³)	0~10	1.56	1.56	1.77	1.28	0.10	6.66	-0.53	1.65
		10~20	1.52	1.54	1.71	1.30	0.09	6.04	-0.49	0.99
		20~40	1.51	1.51	1.60	1.42	0.05	3.35	0.05	-0.91
	株高/cm		9.60	9.65	12.00	7.00	1.79	18.66	0.16	-0.90
	产量/(kg·hm⁻²)		0	0	0	0	-	-	-	-
ZSK-1	含盐量/(g·L⁻¹)	0~10	3.73	2.99	7.65	0.58	2.46	65.82	0.27	-1.68
		10~20	3.92	2.61	7.55	0.70	2.64	67.52	0.25	-1.80
		20~40	4.06	3.35	7.37	1.05	2.37	58.50	0.24	-1.72
	硬度/(kg·cm⁻²)	0~10	7.43	6.17	15.00	2.43	3.48	46.80	0.55	-0.83
		10~20	9.24	5.67	29.67	2.93	7.53	81.52	1.79	2.62
		20~40	10.87	8.33	43.33	1.43	9.54	87.74	1.79	4.32
	含水量/%	0~10	20.81	20.75	32.90	11.97	4.74	22.80	0.87	1.40
		10~20	20.51	21.25	34.58	13.36	4.88	23.80	0.75	1.30
		20~40	20.94	22.25	30.01	13.18	3.94	18.81	-0.20	-0.04
	容重/(g·cm⁻³)	0~10	1.35	1.33	1.55	1.10	0.12	8.56	-0.10	-0.26
		10~20	1.36	1.34	1.56	1.12	0.11	7.81	-0.26	0.02
		20~40	1.41	1.44	1.58	1.09	0.13	9.12	-0.80	0.05
	株高/cm		44.78	47.33	64.00	0	18.14	40.51	-1.13	1.09
	产量/(kg·hm⁻²)		5 445.0	5 502.7	11 505.7	0	3 137.6	57.62	0.20	-0.07
ZSK-2	含盐量/(g·L⁻¹)	0~10	4.29	4.51	7.81	0.77	2.45	56.98	-0.07	-1.58
		10~20	3.72	3.46	7.92	0.43	2.58	69.38	0.25	-1.49
		20~40	3.79	3.20	7.51	0.47	2.60	68.59	0.09	-1.77
	硬度/(kg·cm⁻²)	0~10	10.05	9.00	26.67	3.67	5.16	51.36	1.41	3.11
		10~20	12.61	14.33	19.33	3.67	5.22	41.36	-0.44	-1.30

169

续表

处理	指标	土层深/cm	均值	中值	最大值	最小值	标准差	变异系数/%	偏度	峰度
ZSK-2	硬度/(kg·cm^{-2})	20~40	13.65	14.00	24.33	3.20	5.90	43.21	0.02	−1.01
	含水量/%	0~10	21.81	21.71	28.28	16.13	3.64	16.67	0.23	−1.15
		10~20	20.49	19.86	35.56	12.87	5.73	27.95	1.12	1.39
		20~40	18.00	18.59	23.97	13.21	3.61	20.05	0.04	−1.53
	容重/(g·cm^{-3})	0~10	1.37	1.39	1.57	1.12	0.12	8.56	−0.56	−0.27
		10~20	1.33	1.34	1.54	1.07	0.13	9.44	−0.10	−0.45
		20~40	1.39	1.36	1.62	1.17	0.12	8.62	−0.04	−0.73
	株高/cm		49.44	49.33	77.00	12.33	15.41	31.18	−0.76	0.92
	产量/(kg·hm^{-2})		9 964.9	10 005.0	25 512.7	2 001.0	6 169.1	61.91	0.94	1.12
ZSK-3	含盐量/(g·L^{-1})	0~10	2.29	2.29	3.52	1.50	0.51	22.11	0.48	0.29
		10~20	1.76	1.66	2.69	1.02	0.46	26.17	0.51	−0.57
		20~40	3.67	2.94	9.03	1.53	2.18	59.38	1.49	1.2
	硬度/(kg·cm^{-2})	0~10	7.82	7.33	12.33	5.00	1.87	23.88	1.07	0.89
		10~20	14.39	13.33	28.67	6.00	6.55	45.53	0.69	−0.18
		20~40	8.78	8.00	17.33	3.33	4.00	45.54	0.78	0.05
	含水量/%	0~10	26.78	26.21	31.92	20.13	2.92	10.89	−0.10	−0.16
		10~20	18.70	17.86	27.26	10.75	3.46	18.48	0.81	2.01
		20~40	20.63	19.87	29.17	11.64	3.91	18.96	0.33	0.59
	容重/(g·cm^{-3})	0~10	1.19	1.18	1.33	1.06	0.06	5.36	0.37	0.11
		10~20	1.38	1.41	1.55	1.18	0.10	7.19	−0.54	−0.35
		20~40	1.40	1.37	2.23	1.22	0.19	13.35	3.85	17.56
	株高/cm		49.00	50.17	57.00	39.00	4.73	9.66	−0.37	−0.21
	产量/(kg·hm^{-2})		7 523.8	7 503.8	11 505.8	0	2 188.8	29.09	−1.47	5.13
ZSK-4	含盐量/(g·L^{-1})	0~10	2.98	2.52	6.76	1.32	1.39	46.62	1.35	1.15
		10~20	4.22	3.47	8.33	1.09	2.31	54.71	0.24	−1.31
		20~40	6.03	6.93	8.69	1.36	2.47	40.95	−0.77	−0.94
	硬度/(kg·cm^{-2})	0~10	6.67	6.67	12.67	1.80	2.46	36.89	0.31	0.15
		10~20	11.39	10.00	26.00	4.00	5.61	49.26	0.82	0.18
		20~40	7.41	6.33	18.83	2.00	4.12	55.56	1.25	1.27

续表

处理	指标	土层深/cm	均值	中值	最大值	最小值	标准差	变异系数/%	偏度	峰度
ZSK-4	含水量/%	0～10	22.96	22.67	27.34	17.11	2.90	12.65	−0.12	−0.87
		10～20	19.77	18.25	28.14	13.17	3.50	17.72	0.51	−0.11
		20～40	21.12	21.17	25.41	15.53	2.68	12.69	−0.23	−0.49
	容重/(g·cm⁻³)	0～10	1.26	1.25	1.47	1.07	0.09	7.40	0.16	0.04
		10～20	1.41	1.38	1.55	1.31	0.07	4.90	0.72	−0.38
		20～40	1.42	1.43	1.56	1.28	0.07	4.72	0.13	−0.09
	株高/cm		50.13	45.67	79.00	37.00	13.52	26.97	1.13	0.02
	产量/(kg·hm⁻²)		7 733.0	7 503.7	11 005.5	6 003.0	1 561.0	20.19	0.69	−0.65
ZSK-5	含盐量/(g·L⁻¹)	0～10	2.10	1.63	5.17	0.72	1.22	58.32	1.23	0.72
		10～20	2.30	1.32	7.51	0.18	2.14	92.75	1.27	0.60
		20～40	4.12	3.69	8.49	0.70	2.25	54.50	0.19	−1.11
	硬度/(kg·cm⁻²)	0～10	6.64	7.00	10.33	2.13	2.24	33.71	−0.34	−0.46
		10～20	13.02	13.33	30.67	1.70	6.73	51.69	0.57	0.61
		20～40	10.26	10.07	19.00	2.37	3.93	38.31	0.12	0.01
	含水量/%	0～10	20.90	21.09	32.91	11.25	3.66	17.51	0.64	5.68
		10～20	16.91	16.30	31.90	10.64	4.14	24.46	2.21	6.81
		20～40	20.19	18.00	68.91	13.94	10.60	52.53	4.35	20.46
	容重/(g·cm⁻³)	0～10	1.16	1.14	1.37	0.74	0.12	10.16	−1.63	6.52
		10～20	1.29	1.29	1.47	1.07	0.10	7.84	−0.22	−0.22
		20～40	1.41	1.43	1.50	1.00	0.10	7.41	−2.75	9.63
	株高/cm		49.83	51.33	62.33	41.67	5.53	11.10	0.54	−0.11
	产量/(kg·hm⁻²)		6 923.5	7 003.5	10 005.0	2 501.2	1 772.7	25.60	−0.27	0.35

表 6-2 土壤水分、盐分等指标去除特异值的统计分析

处理	指标	土层深/cm	均值	中值	最大值	最小值	标准差	变异系数/%	偏度	峰度
CK	含盐量/(g·L⁻¹)	0～10	5.60	6.20	8.19	1.77	1.94	34.54	−0.90	−0.13
		10～20	5.60	5.89	7.49	2.81	1.40	24.95	−0.88	−0.10
		20～40	5.59	6.14	7.45	2.51	1.52	27.26	−1.27	0.42

续表

处理	指标	土层深/cm	均值	中值	最大值	最小值	标准差	变异系数/%	偏度	峰度
CK	硬度/(kg·cm⁻²)	0~10	9.76	9.00	19.85	2.67	4.58	46.87	0.76	0.34
		10~20	9.32	9.00	15.71	3.00	3.31	35.46	0.12	−0.58
		20~40	6.38	6.67	11.08	1.60	2.40	37.67	0.01	−0.59
	含水量/%	0~10	17.10	18.46	25.20	8.45	4.44	25.98	−0.52	−0.22
		10~20	19.76	18.82	26.15	13.38	3.30	16.70	0.14	−0.66
		20~40	21.01	20.53	25.66	17.24	2.32	11.05	0.65	−0.15
	容重/(g·cm⁻³)	0~10	1.56	1.56	1.75	1.37	0.09	5.85	0.00	0.21
		10~20	1.52	1.54	1.68	1.36	0.08	5.37	−0.25	0.17
		20~40	1.51	1.51	1.60	1.42	0.05	3.35	0.05	−0.91
	株高/cm		3.07	0.00	12.00	0.00	4.67	152.08	0.97	−0.94
	产量/(kg·hm⁻²)		0	0	0	0	0	−	−	−
ZSK-1	含盐量/(g·L⁻¹)	0~10	3.73	2.99	7.65	0.58	2.46	65.82	0.27	−1.68
		10~20	3.92	2.61	7.55	0.70	2.64	67.52	0.25	−1.80
		20~40	4.06	3.35	7.37	1.05	2.37	58.50	0.24	−1.72
	硬度/(kg·cm⁻²)	0~10	7.39	6.17	13.89	2.43	3.38	45.80	0.45	−1.12
		10~20	8.43	5.67	19.63	2.93	5.52	65.46	1.11	−0.14
		20~40	10.11	8.33	24.42	1.43	7.36	72.73	0.63	−1.02
	含水量/%	0~10	20.51	20.75	28.31	12.77	3.92	19.13	0.21	−0.25
		10~20	20.27	21.25	28.51	13.36	4.26	21.04	−0.02	−1.04
		20~40	20.88	22.25	28.07	13.69	3.73	17.84	−0.45	−0.63
	容重/(g·cm⁻³)	0~10	1.35	1.33	1.55	1.13	0.11	8.37	0.00	−0.45
		10~20	1.37	1.34	1.56	1.17	0.10	7.44	−0.02	−0.49
		20~40	1.42	1.44	1.58	1.18	0.12	8.51	−0.54	−0.75
	株高/cm		26.87	25.00	64.00	0	26.33	98.00	0.14	−1.80
	产量/(kg·hm⁻²)		2 738.1	0	9 173.9	0	3 341.1	122.02	0.76	−0.94
ZSK-2	含盐量/(g·L⁻¹)	0~10	4.29	4.51	7.81	0.77	2.45	56.98	−0.07	−1.58
		10~20	3.72	3.46	7.92	0.43	2.58	69.38	0.25	−1.49
		20~40	3.79	3.20	7.51	0.47	2.60	68.59	0.09	−1.77

续表

处理	指标	土层深/cm	均值	中值	最大值	最小值	标准差	变异系数/%	偏度	峰度
ZSK-2	硬度/(kg·cm⁻²)	0~10	9.71	9.00	18.19	3.67	4.22	43.42	0.41	−0.83
		10~20	12.61	14.33	19.33	3.67	5.22	41.36	−0.44	−1.30
		20~40	13.65	14.00	24.33	3.20	5.90	43.21	0.02	−1.01
	含水量/%	0~10	21.81	21.71	28.28	16.13	3.64	16.67	0.23	−1.15
		10~20	20.11	19.86	30.00	12.87	4.82	23.94	0.46	−0.43
		20~40	18.00	18.59	23.97	13.21	3.61	20.05	0.04	−1.53
	容重/(g·cm⁻³)	0~10	1.37	1.39	1.57	1.15	0.12	8.39	−0.49	−0.43
		10~20	1.33	1.34	1.54	1.09	0.12	9.33	−0.05	−0.55
		20~40	1.39	1.36	1.62	1.17	0.12	8.56	−0.07	−0.79
	株高/cm		50.13	49.33	77.00	22.43	13.86	27.64	−0.33	0.11
	产量/(kg·hm⁻²)		9 594.0	10 005.0	20 375.2	2 001.0	5 296.7	55.21	0.32	−0.41
ZSK-3	含盐量/(g·L⁻¹)	0~10	2.41	2.35	3.78	1.50	0.64	26.50	0.77	0.22
		10~20	1.92	1.74	3.75	1.02	0.70	36.65	1.40	1.88
		20~40	3.55	2.94	7.42	1.53	1.89	53.34	1.24	0.40
	硬度/(kg·cm⁻²)	0~10	7.97	7.33	11.98	5.00	1.98	24.82	0.92	0.11
		10~20	14.26	13.33	26.50	6.00	6.27	43.97	0.54	−0.53
		20~40	8.69	8.00	16.18	3.33	3.82	43.91	0.65	−0.24
	含水量/%	0~10	26.84	26.21	31.92	21.40	2.80	10.45	0.12	−0.59
		10~20	18.58	17.86	24.42	12.82	2.78	14.99	0.71	0.60
		20~40	20.65	19.87	27.73	13.56	3.62	17.51	0.50	−0.07
	容重/(g·cm⁻³)	0~10	1.17	1.18	1.33	1.01	0.08	6.70	−0.30	0.34
		10~20	1.40	1.41	1.63	1.19	0.10	7.30	−0.07	0.25
		20~40	1.38	1.37	1.59	1.22	0.08	6.06	0.25	0.99
	株高/cm		49.51	50.33	61.78	39.00	5.29	10.68	0.07	0.26
	产量/(kg·hm⁻²)		7 976.9	8 004.0	11 505.7	5 002.5	1 679.7	21.06	0.44	−0.06
ZSK-4	含盐量/(g·L⁻¹)	0~10	2.91	2.52	5.27	1.32	1.21	41.60	0.98	−0.22
		10~20	4.22	3.47	8.33	1.09	2.31	54.71	0.24	−1.31
		20~40	6.03	6.93	8.69	1.36	2.47	40.95	−0.77	−0.94
	硬度/(kg·cm⁻²)	0~10	6.62	6.67	10.99	2.25	2.27	34.30	0.06	−0.77
		10~20	11.20	10.00	21.09	4.00	5.15	45.97	0.45	−1.06

续表

处理	指标	土层深/cm	均值	中值	最大值	最小值	标准差	变异系数/%	偏度	峰度
ZSK-4	硬度/(kg·cm⁻²)	20～40	7.19	6.33	14.12	2.00	3.58	49.81	0.80	−0.30
	含水量/%	0～10	22.97	22.67	27.34	17.44	2.88	12.52	−0.08	−0.97
		10～20	19.69	18.25	26.03	13.35	3.30	16.75	0.28	−0.80
		20～40	21.14	21.17	25.41	16.08	2.63	12.46	−0.15	−0.65
	容重/(g·cm⁻³)	0～10	1.25	1.25	1.42	1.09	0.09	6.90	0.01	−0.68
		10～20	1.41	1.38	1.54	1.31	0.07	4.80	0.66	−0.54
		20～40	1.42	1.43	1.54	1.30	0.06	4.49	0.14	−0.48
	株高/cm		49.69	45.67	74.08	37.00	12.59	25.34	1.00	−0.38
	产量/(kg·hm⁻²)		7 867.4	7 503.7	11 092.9	6 003.0	1 669.4	21.22	0.65	−0.82
ZSK-5	含盐量/(g·L⁻¹)	0～10	2.10	1.63	5.17	0.72	1.22	58.32	1.23	0.72
		10～20	2.30	1.32	7.51	0.18	2.14	92.75	1.27	0.60
		20～40	4.12	3.69	8.49	0.70	2.25	54.50	0.19	−1.11
	硬度/(kg·cm⁻²)	0～10	6.64	7.00	10.33	2.13	2.24	33.71	−0.34	−0.46
		10～20	12.62	13.33	23.33	1.70	5.88	46.61	−0.04	−0.74
		20～40	10.26	10.07	19.00	2.37	3.93	38.31	0.12	0.01
	含水量/%	0～10	20.82	21.09	23.31	16.46	1.82	8.76	−1.11	0.81
		10～20	16.22	16.30	20.45	12.10	2.17	13.38	0.39	−0.18
		20～40	18.47	18.00	25.91	13.94	3.44	18.63	0.66	−0.45
	容重/(g·cm⁻³)	0～10	1.17	1.17	1.34	1.06	0.07	5.98	0.47	−0.12
		10～20	1.29	1.29	1.47	1.07	0.10	7.84	−0.22	−0.22
		20～40	1.43	1.43	1.50	1.33	0.05	3.41	−0.29	−0.89
	株高/cm		49.83	51.33	62.33	41.67	5.53	11.10	0.54	−0.11
	产量/(kg·hm⁻²)		7 043.5	7 003.5	10 005.0	4 502.25	1 548.1	21.98	0.37	−0.65

二、统计分析

（一）经典统计分析

数据统计分析的目的是在建立半方差函数理论模型之前对试验所获的数据统计值有初步了解，特别是进行数据转换处理，便于进行空间特性的分析。

土壤水分、盐分等特性值经典统计分析结果见表 6-2。由于改良的年限不同，土壤物理、化学、生物量等特性在剖面上的统计特征值表现出一定的变异性。

（1）土壤含盐量。

从土壤含盐量均值可以看出，改良前 0～40 cm 土层含盐量基本相同且较高，采用振动深松+康地宝+播种集成技术后，当年含盐量均有所降低，通过改良 1～5 年的数据看出，土壤含盐量呈逐年下降的趋势，且 0～20 cm 含盐量低于 20～40 cm 含盐量，说明深松的土壤通过降雨将盐分淋洗到根系层以下，保证了作物的生长。

（2）土壤硬度。

改良前土壤密实，通透性差，硬度较高，采用集成技术后土壤疏松，为牧草生长创造了良好的环境，牧草覆盖率也较好，进入改良第 2 年后，因牧草覆盖率高，根系盘错，出现了 10 cm 以下硬度恢复到改良前的状态。但也足以说明改良后恢复了草原生态的效果。

（3）土壤含水量。

土壤含水量是表示土壤涵蓄雨水能力的一个重要指标，在采样前 7 天该地区出现了连续降水，降水量达 167 mm，通过数据可以看出各试验区 0～10 cm 含水量高于对照区 32%，验证了深松土壤可涵蓄天然降水的推论。

（4）土壤容重。

土壤容重是土壤物理特性的重要指标，容重大表示土壤密实、通气和透水性均较差，从表 6-2 可以看出，对照区土壤平均容重为 1.53 g/cm³，土壤结构十分密实。而采用振动深松后土壤容重较对照区降低了 12.4%。

（5）生物量。

本书所指生物量为牧草株高和产量，现场实测数据表明对照区平均株高仅为 3.1 cm。而采用集成技术后株高和产量值有很大的提高，表明了集成技术对牧草生长有很大的促进作用。

（二）正态分布检验

正态分布是统计理论的核心，是最重要、最常用的一种连续性随机变量分布。在地统计学中要求空间数据为正态分布，否则会导致比例效应。因此在进行半方差分析和克立金插值前要对实测数据进行正态性检验。正态分布检验有直方图法、P-P 正态概率图法、偏度峰度联合检验法、K-S 检验法等，本书采用偏度峰度联合检验法，该方法的理论依据是正态分布密度曲线是对称的，且陡缓适中。当频数为正态分布时，偏度系数和峰度系数分别等于 0，但由于存在抽样误差，其系数不一定为 0。由表 6-3 可以看出，经过对数转换后，所有点数据均符合正态分布。

表 6-3　土壤水分、盐分等指标的半方差函数模型参数

处理	土层深/cm	变量	分布	模型	块金值 C_0	基台值 C_0+C	偏基台值 C	块金基台比/%	变程 A/m
ZSK-5	0~10	含盐量	对数	球型	0.007 8	0.293 6	0.285 8	2.66	30.0
		硬度	正态	指数	1.499 0	8.655 0	7.156 0	17.33	129.6
		含水量	正态	球型	0.001 0	2.935 0	2.934 0	0.03	31.0
		容重	正态	球型	0.000 4	0.005 3	0.004 9	7.95	50.1
	10~20	含盐量	对数	球型	0.015 0	1.049 0	1.034 0	1.43	28.0
		硬度	正态	球型	0.700 0	35.390 0	34.690 0	1.98	47.6
		含水量	正态	球型	0.010 0	1.368 0	1.358 0	0.73	35.0
		容重	正态	球型	0.000 24	0.009 8	0.009 5	2.45	52.7
	20~40	含盐量	对数	球型	0.001 0	0.442 0	0.441 0	0.23	32.0
		硬度	正态	球型	0.010 0	15.210 0	15.200 0	0.07	35.6
		含水量	对数	球型	0.000 6	0.033 2	0.032 6	1.81	30.2
		容重	正态	球型	0.000 3	0.002 1	0.001 8	16.16	40.3
		株高	对数	指数	0.007 1	0.016 9	0.009 8	41.80	129.3
		产量	正态	指数	6 389.76	14 926.86	8 537.05	42.81	128.6
ZSK-4	0~10	含盐量	对数	球型	0.013 6	0.165 2	0.151 6	8.23	30.3
		硬度	正态	球型	0.590 0	5.734 0	5.144 0	10.29	39.5
		含水量	对数	球型	0.000 01	0.015 2	0.015 2	0.07	29.6
		容重	正态	球型	0.000 01	0.006 9	0.006 9	0.14	32.2
	10~20	含盐量	对数	球型	0.004 0	0.408 0	0.404 0	0.98	31.2
		硬度	对数	指数	0.042 4	0.253 8	0.211 4	16.71	37.2
		含水量	正态	球型	5.923 1	15.985 1	10.062 0	37.05	128.2
		容重	正态	球型	0.000 01	0.003 8	0.003 8	0.26	29.6
	20~40	含盐量	正态	球型	0.800 0	6.911 0	6.111 0	11.58	47.9
		硬度	对数	球型	0.124 5	0.423 6	0.299 1	29.39	129.3

续表

处理	土层深/cm	变量	分布	模型	块金值 C_0	基台值 C_0+C	偏基台值 C	块金基台比/%	变程 A/m
ZSK-4	20～40	含水量	正态	球型	0.010 0	6.374 0	6.364 0	0.16	30.6
		容重	正态	球型	0.000 01	0.003 8	0.003 8	0.26	30.5
		株高	对数	球型	0.007 2	0.063 2	0.056 0	11.39	63.5
		产量	正态	球型	1 880	14 310	12 430	13.14	51.0
ZSK-3	0～10	含盐量	对数	球型	0.000 1	0.064 6	0.064 5	0.15	37.0
		硬度	对数	指数	0.009 6	0.061 1	0.051 5	15.71	55.8
		含水量	正态	球型	0.370 0	8.203 0	7.833 0	4.51	29.6
		容重	正态	球型	0.002 8	0.009 5	0.006 7	29.15	126.3
	10～20	含盐量	对数	球型	0.001 0	0.400 0	0.399 0	0.25	310.9
		硬度	正态	球型	3.900 0	43.390 0	39.490 0	8.99	52.2
		含水量	对数	球型	0.003 2	0.041 9	0.038 7	7.63	130.3
		容重	正态	球型	0.000 35	0.010 7	0.010 4	3.27	35.1
	20～40	含盐量	对数	球型	0.202 8	0.805 9	0.603 2	25.16	129.3
		硬度	对数	指数	0.023 7	0.217 4	0.193 7	10.90	46.2
		含水量	对数	球型	0.000 4	0.030 0	0.029 6	1.33	49.2
		容重	正态	球型	0.000 01	0.006 3	0.006 3	0.16	29.6
		株高	正态	球型	3.840 0	31.980 0	28.140 0	12.01	59.8
		产量	正态	球型	10.00	11 560	11 550	0.09	30.3
ZSK-2	0～10	含盐量	正态	球型	0.010 0	5.631 0	5.621 0	0.18	30.1
		硬度	正态	球型	0.560 0	18.300 0	17.740 0	3.06	35.8
		含水量	正态	球型	0.010 0	13.110 0	13.100 0	0.08	30.2
		容重	正态	球型	0.000 01	0.011 9	0.011 9	0.08	29.5
	10～20	含盐量	对数	球型	0.001 0	0.775 0	0.774 0	0.13	29.4
		硬度	正态	球型	0.010 0	25.060 0	25.050 0	0.04	30.3
		含水量	正态	球型	0.290 0	23.430 0	23.140 0	1.24	31.2
		容重	正态	球型	0.000 03	0.013 7	0.013 6	0.22	29.0
	20～40	含盐量	正态	球型	0.080 0	6.8230	6.743 0	1.17	35.1
		硬度	正态	球型	0.100 0	31.340 0	31.240 0	0.32	31.2
		含水量	正态	球型	0.010 0	12.860 0	12.850 0	0.08	30.6
		容重	正态	球型	0.000 01	0.013 5	0.013 5	0.07	30.5

续表

处理	土层深/cm	变量	分布	模型	块金值C_0	基台值C_0+C	偏基台值C	块金基台比/%	变程A/m
ZSK-2		株高	正态	指数	121.199 9	272.441 8	151.242	44.49	129.6
		产量	正态	球型	16 800	141 500	124 700	11.87	42.8
ZSK-1	0~10	含盐量	对数	球型	0.001 0	0.602 0	0.601 0	0.17	32.1
		硬度	对数	球型	0.000 1	0.228 2	0.228 1	0.04	39.7
		含水量	正态	球型	0.640 0	16.100 0	15.460 0	3.98	53.9
		容重	正态	球型	0.002 22	0.013 54	0.011 32	16.40	81.1
	10~20	含盐量	对数	球型	0.001 0	0.635 0	0.634 0	0.16	29.6
		硬度	对数	球型	0.015 0	0.355 0	0.340 0	4.23	40.8
		含水量	正态	指数	0.000 1	0.045 1	0.045 0	0.22	40.2
		容重	正态	球型	0.000 27	0.010 64	0.010 37	2.54	57.3
	20~40	含盐量	对数	球型	0.001 0	0.416 0	0.415 0	0.24	30.2
		硬度	对数	球型	0.001 0	0.646 0	0.645 0	0.15	38.1
		含水量	正态	球型	0.780 0	14.680 0	13.90	5.31	46.1
		容重	正态	球型	0.000 56	0.015 1	0.014 6	3.70	41.7
		株高	正态	球型	1.000 0	639.50	638.50	0.16	31.2
		产量	正态	球型	100.00	45 050	449 50	0.22	31.9
CK	0~10	含盐量	正态	球型	0.750 0	5.012 0	4.262 0	14.96	118.5
		硬度	对数	球型	0.096 4	0.439 1	0.342 7	21.95	127.2
		含水量	正态	指数	0.730 0	19.420 0	18.690 0	3.76	30.0
		容重	正态	指数	0.001 4	0.009 8	0.008 4	14.49	83.1
	10~20	含盐量	正态	球型	0.841 0	3.032 0	2.191 0	27.74	184.1
		硬度	正态	球型	0.030 0	10.920 0	10.890 0	0.27	29.6
		含水量	正态	球型	5.218 6	16.541 9	11.323 3	31.55	128.8
		容重	正态	球型	0.001 5	0.011 8	0.010 3	12.64	127.6
	20~40	含盐量	对数	球型	0.040 3	0.236 6	0.196 3	17.03	217.2
		硬度	正态	球型	0.010 0	5.350 0	5.340 0	0.19	29.6
		含水量	对数	指数	0.004 3	0.0187	0.014 4	22.98	128.3
		容重	正态	球型	0.000 001	0.002 5	0.002 5	0.04	31.9
		株高	正态	指数	8.459 5	35.829 8	27.370 3	23.61	127.9
		产量	—	—	—	—	—	—	—

第三节　水盐空间变异性研究

一、半方差函数和拟合模型

半方差函数的计算及模型采用 GS+地统计学软件完成。在进行函数计算时，选择适当的最大步长和间隔。取采样点最大距离的一半作为最大步长，即 50 m。通过半方差函数计算、模型的选择和参数的调整，得土壤水分、盐分等指标的半方差函数模型参数。

二、半方差函数分析

半方差函数是一个三元函数，两个自变量（方向，采样间隔）和因变量（半方差函数值）。一般由半方差函数曲线来表示，并可以直接得到变程、基台值和块金值三个重要参数。

块金值反映了在最小间距内各指标变异性和测量分析过程中引起的误差，如所有值为正值，说明存在了采样误差和短距离的变异。各试验区产量块金值和基台值变化较大，说明了盐碱化草原的地上生物量在水平面上空间分布十分不均，而其余指标的块金值均趋于 0，各采样点最小变程值为 29 m，证明了采样间距为 25 m 十分合理，且采样值满足精度要求。

用块金值与基台值之比来说明系统变量空间相关性的程度，如比值小于 25%，表明系统具有强烈的空间相关性；比值在 25% ~ 75%，表明系统具有中等的空间相关性；大于 75%，表明空间相关性很弱（陈亚新 等，2005）。通过计算可知，改良第 5 年的株高、产量，改良第 4 年 10 ~ 20 cm 的土壤含水量、20 ~ 40 cm 的土壤硬度，改良第 3 年 0 ~ 10 cm 土壤含水量、20 ~ 40 cm 土壤含盐量，改良第 2 年的株高，对照区 10 ~ 20 cm 土壤含盐量和含水量均为中等空间相关性，表明这些性质的空间变化主要是内在因子（气候、地形、土壤类型）和外在因子（耕作措施、时间等）共同作用的结果。其余指标具有很强的相关性，表明这些指标的变化主要由内在因子控制。

三、空间局部估计

空间变异性分析采用的是 ESRI 公司 ArcGIS 产品中的 Geostatilstical Analyst 扩展功能模块，通过对研究区域进行克里金空间插值，用拟合好的半方差函数模型来估计未观测点的特征值，并绘制区域化变量空间分布图。

在进行空间局部估计前，建立空间插值数据库，将利用 GPS 测得的各采样点的地理坐标输入 ArcMap 中，经投影转换后，产生以米为单位的平面坐标，以此为基础建立采样点分布图。将具有空间位置的采样点与各指标属性值相连，建立可插值的土壤水分、盐分等指标的地理数据库。插值结果见图 6-3 至图 6-8。

由土壤含盐量空间分布图可以看出，对照区表层土壤含盐量水平空间分布呈条带状分布，含盐量从东北角向西南角逐渐增加，其中西部含盐量较高，局部达到了最高 8.19 g/L，出现该状况主要是因该区域为寸草不生的碱斑处且地势不平；从土壤垂直空间分布来看，对照区 0 ~ 40 cm 含盐量主要趋势是表层含盐量最高，下层含盐量逐步下降，但仍维持较高的水平。而从改良第 1 年的盐分空间分布图可以看出土壤水平面空间含盐量分布较对照区减少 1 个数量级，但由于改良的是重度盐碱化草原，存在的碱斑在改良当年不能马上消失，而需要逐年恢复，所以出现了局部含盐量高的情况。从土壤垂直空间分布来看，下层含盐量较上层略高，形成该趋势的原因是采用振动深松后，土壤疏松，将表层的盐分淋洗至下层。改良第 4 年 20 ~ 40 cm 出现了盐分较重的情况，这可能是由采样误差所引起的。从时间分布来看，从对照区到改良第 5 年，各区的含盐程度经过了一个从重度盐碱化向轻度盐碱化过渡的阶段，也是经改良盐碱化草原恢复的过程。

土壤盐分与土壤水分运动关系十分密切。土壤含水量空间分布图表明，对照区表层土壤含水量较低，大部分区域含水量在 14% ~ 17%，由土壤垂直空间分布来看，下层含水量虽有提高但仍不高。对于改良区，土壤含水量平均在 21% 左右，为牧草生长和盐分淋洗均创造了良好的环境，局部出现土壤含水量过高或过低，主要是地势高低不平造成的。

土壤硬度是粒径组成、孔隙量、含水状况等的综合表现。土壤硬度大则不利于牧草扎根生长。由图 6-6 可以看出，对照区土壤硬度水平空间分布均一，在 12 ~ 14 kPa，该区硬度较大，并有局部区域出现了硬度值为 16 ~ 20 kPa 的较高区间。从垂直剖面来看，随着土壤深度的增加，硬度值下降，这主要是由于盐碱土在表层形成了 0.5～2.0 cm 的盐结皮，水分很难进入土壤中，导致表层土壤水分少硬度高，所以出现了硬度上高下低的状况。但改良区和对照区状况正相反，由于振动深松后，表层土壤疏松，硬度小，而下层的土壤由于改良后牧草根系充分生长，尤其是羊草，根系十分发达，随着时间的推移，牧草根系越来越密集，而导致下层土壤硬度增大。

由各试验区土壤容重分布图来看，对照区土壤容重水平和垂直空间分布基本相同，容重平均在 1.6～1.7 g/cm³；改良区经振动深松后，从土壤容重水平和垂直空间分布图可以看出土壤容重均达到了适宜作物生长的疏松程度，从时间分布来看，20～40 cm 的土壤容重在逐年加大，但仍未达到对照区值，其原因和硬度相同。

牧草的株高和产量是盐碱化草原修复好坏的重要表现。从株高和产量空间分布图来看，对照区株高空间分布呈现两个区域，近 50% 为碱斑秃地，其余为草层高度在 2～10 cm 的矮植被。改良第 1 年的株高和产量空间分布呈带状，从中间向两边呈递增的趋势，这种情况主要是由于改良当年还有部分碱斑，导致株高和产量空间分布不均。从时间分布来看，改良后的第 1～5 年，各区的株高和产量空间分布逐渐达到了均一化，实现了植被全覆盖，盐碱化草原得到了恢复。

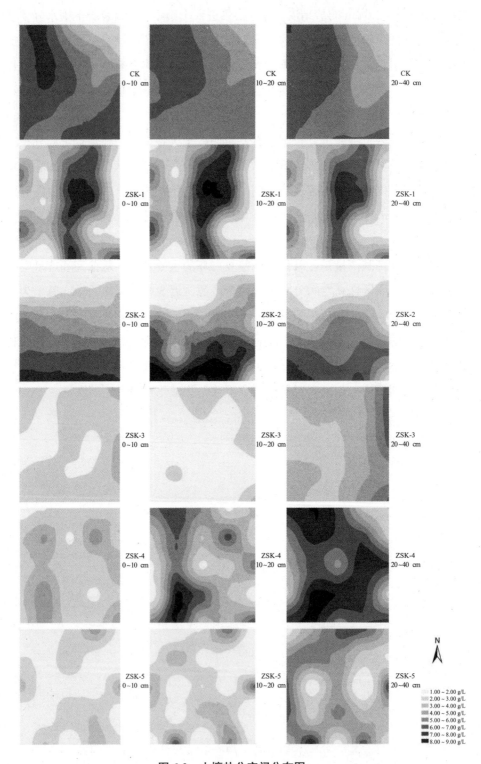

图 6-3　土壤盐分空间分布图

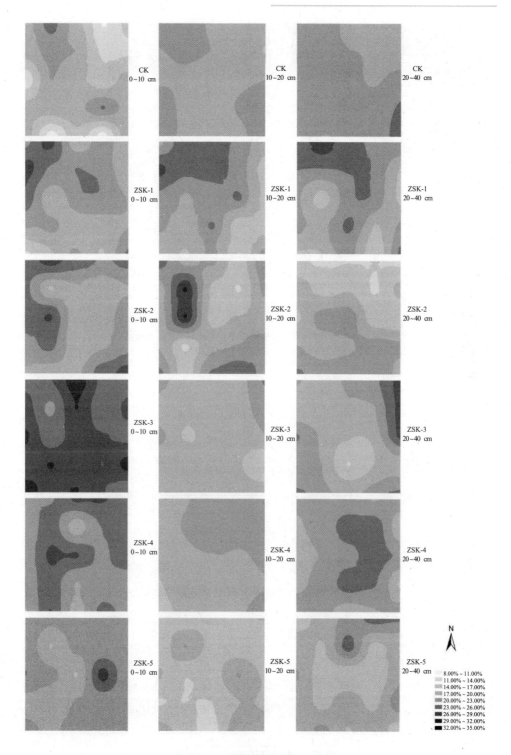

图 6-4　土壤含水量空间分布图

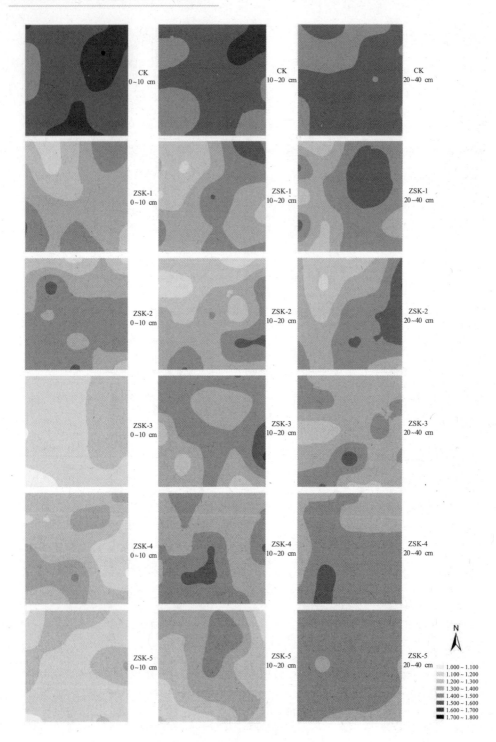

图 6-5　土壤容重空间分布图

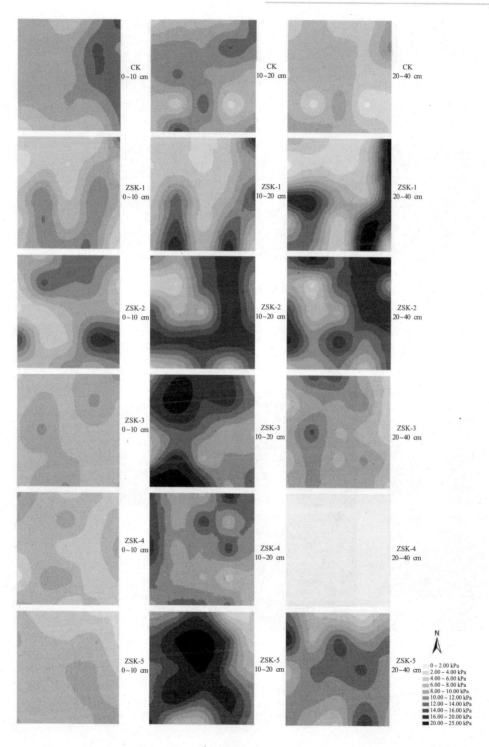

图 6-6　土壤硬度空间分布图

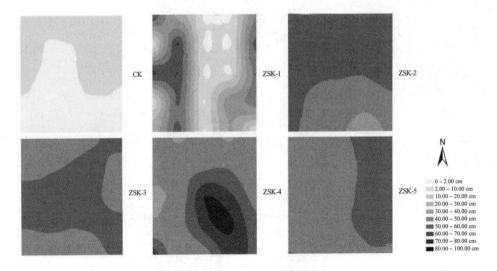

图 6-7　牧草株高空间分布图

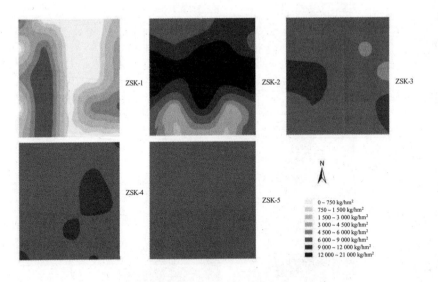

图 6-8　牧草产量空间分布图

第七章　盐碱化草原生态修复评价研究

生态修复是指对生态系统停止人为干扰，以减轻负荷压力，依靠生态系统的自我调节能力与自我组织能力使其向有序的方向进行演化，或者利用生态系统的这种自我恢复能力，辅以人工措施，使遭到破坏的生态系统逐步恢复或使生态系统向良性循环方向发展。生态修复主要是指致力于那些在自然突变和人类活动影响下受到破坏的自然生态系统的恢复与重建工作。

生态修复效果是改良技术好坏的直接表现。本章利用盐碱化草原改良及生态修复评价方法，通过对样本评价指标集进行归一化处理，构造、优化投影指标函数，优序排列对照区、振动深松区、浅翻轻耙区、围栏封育区的投影值。利用生物多样性分析法，全面衡量物种多样性，通过物种丰富度、多样性指数、均匀度等，对比分析植物特征群落的时间尺度变化及植被的演替趋势，从植物分布类型、重要值、频度和物种多样性方面分析植被的变化，揭示改良技术在恢复草原生态环境上的效果。

第一节　生物多样性研究方法

一、试验材料

试验区在安达市万宝山镇重度盐碱化草原，选择振动深松（ZS）、浅翻轻耙（QB）、对角耙（DB）、围栏封育（WL）四种技术开展修复效果试验，并设对照区（CK），共计 5 种处理，各处理试验小区面积 2 000 m²（40 m×50 m），3 次重复。5 月中旬对各试验小区按不同整地方法进行处理，雨季前播种，羊草与星星草按 2:1 混播，播种量为 45 kg/hm²。牧草收割前测定不同试验区土壤物理指标、化学指标、生物量指标、环境指标和效益指标。

二、研究方法

（一）指标测定方法

依据土壤物理性质测定法测定土壤穿透阻力、土壤容重、土壤渗透系数等土壤物理指标。

依据 GB/T　16399—2021《黏土化学分析方法》测定土壤化学指标。

牧草生物量指标的测定采用 1 m×1 m 样方框，每个试验区采样 3~5 个，调查样方内物种频率、密度、盖度及产量等。

（二）物种多样性分析法

植被是一定气候、土壤等条件下形成的产物，是经过长期进化与环境相适应的复合有机体（李建东 等，2001）。地上植被是草原生态系统中构成生物系统的重要组成部分，是由当地气候、土壤、地形及人类活动干扰等内外因素综合作用的结果，其演替特征也是当地环境条件可视景观的综合反映（吕世海，2005）。物种多样性是从生态学角度对群落的组织水平、形成演化及维持机制进行研究，它是群落生物组成结构的重要指标。许多研究表明，草原生态系统的退化，核心是地上植被的逆向演替和生物多样性的丧失。因此，群落的稳定性可以通过其物种多样性反映出来，采样α多样性的测度方法，通过测定综合多样性指数、丰富度指数、均匀度指数，反映不同植被类型物种的多样性，为草原生态环境恢复与重建提供科学依据，进而在满足人类经济目标的同时保持地表植被的完整和功能的发挥（姜恕，1986；杨利民 等，2001；赵玉晶 等，2008）。

1.重要值的计算

重要值是一个综合性指标，较全面地反映了种群在群落中的地位（康杰 等，2005）。

重要值=（相对盖度+相对密度+相对频度）

相对频度=某个种的频度／所有种频度之和

相对盖度=某个种的盖度／所有种盖度之和

相对密度=某个种的密度／所有种密度之和

2.多样性指数的计算

物种多样性计算分析多采用多指数比较的原则（张金屯，2004）。为此，选择丰富度指数、综合多样性指数、均匀度指数三个指标对盐碱化草原改良后物种多样性进行描述。

丰富度指数：Margalef 指数为

$$D_\mathrm{m} = \frac{S-1}{\ln N} \qquad (7\text{-}1)$$

综合多样性指数：Shannon-winner 指数为

$$H = -\sum_{i=1}^{s}\left(P_i \ln P_i\right) \qquad (7\text{-}2)$$

均匀度指数：Pielou 指数为

$$E = \frac{H}{H_\mathrm{max}} \qquad (7\text{-}3)$$

式中，S—物种数；

　　　N—全部种的个体数；

　　　N_i—种 i 的个体数；

　　　P_i—种 i 的多度比例，即 $P_i = N_i / N$；

　　　H——Shannon-winner 信息指数。

（三）投影寻踪模型

投影寻踪模型（PPC）是一种可用于高维数据分析，既可做探索性分析，又可做确定性分析的方法。

1.样本评价指标集的归一化处理

设备指标值的样本集为 $\{x^*(i, j) | i=1 \sim n,\ j=1 \sim p\}$，其中 $x^*(i, j)$ 为第 i 个样本第 j 个指标值，n，p 分别为样本的个数和指标的数目。

对于越大越优的指标为

$$x(i, j) = \frac{x^*(i, j) - x_\mathrm{min}(j)}{x_\mathrm{max}(j) - x_\mathrm{min}(j)} \qquad (7\text{-}4)$$

对于越小越优的指标为

$$x(i,j) = \frac{x_{\max}^{*}(j) - x^{*}(i,j)}{x_{\max}(j) - x_{\min}(j)} \qquad （7\text{-}5）$$

式中：$x_{\max}(j)$、$x_{\min}(j)$——分别为第 j 个指标值的最大值和最小值；

$\quad\quad x(i,j)$——指标特征值归一化的序列。

2.构造投影指标函数 $Q（a）$

就是把 p 维数据 $\{x^{*}(i,j)|j=1\sim p\}$ 综合成以 $a\{a(1),a(2),a(3),\cdots a(p)\}$ 为投影方向的一维投影值 $z(i)$。

$$z(i) = \sum_{j=1}^{p} a(j)x(i,j) \quad （i=1\sim n） \qquad （7\text{-}6）$$

然后根据 $\{z（i）|i\in 1\sim n\}$ 的一维散布图进行分类。综合投影指标值时，要求投影值 $z（i）$ 的散布特征为局部投影点尽可能密集，最好凝聚成若干个点团；而在整体上投影点团之间尽可能散开。因此，投影指标函数可以表达为

$$Q(a)=S_Z D_Z \qquad （7\text{-}7）$$

式中：S_Z——投影值 $z（i）$ 的标准值；

$\quad\quad D_Z$——投影值 $z（i）$ 的局部密度。

$$S_z = \sqrt{\frac{\sum_{i=1}^{n}[z(i)-E(z)]^2}{n-1}} \qquad （7\text{-}8）$$

$$D_z = \sum_{i=1}^{N}\sum_{j=1}^{N}[R-r(i,j)]\cdot u[(R-r(i,j)] \qquad （7\text{-}9）$$

式中，$E（z）$——序列 $\{z(i)|i=1\sim n\}$ 的平均值；

$\quad\quad R$——局部密度的窗口半径；

$\quad\quad r（i,j）$——样本之间的距离。

3.优化投影指标函数

最大化目标函数：$Q_{(a)\max}=S_Z\cdot D_Z$

约束条件：
$$\sum_{j=1}^{p} a^2(j) = 1 \qquad (7\text{-}10)$$

4.分类（优序排列）

把求得的最佳投影方向 a^* 代入式（7-6）后可得各点样本的投影值 $z^*(i)$。将 $z^*(i)$ 与 $z^*(j)$ 进行比较，二者越接近，表示样本 i 与 j 越倾向于分为同一类。若按 $z^*(i)$ 值从大到小排序，则可以将样本从优到劣进行排序。

基于实码的加速遗传算法（RAGA）是模拟生物在自然环境中的遗传和进化过程形成的一种自适应全局优化概率搜索算法。这里主要是用遗传算法对投影寻踪模型中的参数进行优化。其计算步骤如下：

（1）在各个决策变量的取值变化区间 $[a_j,b_j]$ 生成 N 组均匀分布的随机变量 $V_i^{(0)}$，$i=1\sim N$，$j=1\sim p$，N 为种群规模，p 为优化变量的个数。

（2）计算目标函数值。将（1）中随机生成的初始染色体 $V_i^{(0)}$ 代入目标函数，求出对应的函数值 $f^{(0)}(V_i^{(0)})$，按照函数值的大小将染色体进行排序，形成 $V_i^{(0)}$。

（3）计算基于序的评价函数。

（4）进行选择操作，以生成第 1 个子代群体。

（5）对（4）产生的新种群进行交叉操作。

（6）对（5）产生的新种群进行变异操作。

（7）进化迭代。

第二节　盐碱化草原改良技术模式

根据轻度盐渍土、中度盐渍土、重度盐渍土分级、分类结果，pH 值、含盐量、牧草产量、植被覆盖等评价参数，确定了适合松嫩平原盐碱土类型与植被条件的分类治理六种技术模式。从科学性、经济性和实用性角度看，六种技术模式应用效果均较好。

191

一、振动深松整地+施用康地宝+人工播种草种

该模式适用于重度盐碱化草原改良。春季在雨季来临之前深松整地，康地宝经济用量为 7.5 ~ 12.5 kg/hm²，碱斑集中区可适量增加施量；采用羊草和星星草以2:1 比例人工混播，播量 37.5 ~ 45.0 kg/hm²。改良当年，以原生植被修复为主，植被覆盖率达 80%左右；改良第 2 年，人工种植羊草和星星草覆盖率达 80%以上，植被物种由 5 ~ 6 种增加到 30 余种；改良第 3 年，羊草纯度超过 60%，草原植被覆盖率达 90%以上，达到 2 级以上草场水平，碱斑地块基本消失；改良第 4 ~ 5年进入牧草生长旺盛期，牧草（干草）平均亩产量达到 150 kg 以上。

二、振动深松整地+适量施用康地宝+人工补播草种

该模式适用于中度盐碱化草原和重度退化草原。以振动深松整地为主，碱斑区康地宝施用量为 7.5 kg/hm² 左右；人工或机械补播羊草或以 2:1 比例混播，播量15 ~ 30 kg/hm²。改良当年牧草高度可达 40 cm，地面植被覆盖率达 85%左右，达到 4 ~ 5 级草场水平;改良第 2 年,碱斑地块逐渐被植被覆盖,草层平均高度 50 cm,达到 2 级以上采草场；改良第 3 年以后，牧草进入生长旺盛期。

三、振动深松整地

该模式适用于轻度盐碱化草原、中度以下退化草原。进入雨季前，采用单方向或纵、横双向交叉深松作业，不适用土壤改良剂和播种草种。改良当年，草场可恢复到 2 ~ 3 级草场水平，改良第 2 年，草原可成为优质采草场。

四、浅翻轻耙整地+星星草种子+生态制剂

该模式适用于重度盐碱化草地。

（1）草种的准备：选择耐盐碱植物的种子或者在当地生长良好的优势植物种子或者优良栽培牧草种子，主要为星星草的种子，种子的纯净度为 90% ~ 99%，种子的发芽率为 80% ~ 90%。

（2）整地：对土壤进行浅翻轻耙，土壤浅翻的深度为 8 ~ 10 cm，耕深一致，

土块耙碎。

（3）生态制剂的施用：按质量百分比取腐殖酸含量大于35%的风化煤，粉碎成粉末或者颗粒，粒度为 0.1～5.0 mm，按每亩 50～60 kg 施用，使生态制剂与土壤混合均匀。

（4）草种的播种：①播种的时机：播种期为 6～7 月；②播种量：每亩播种量为 4～7 kg；③播种方式：用 24～48 行播种机，行间距为 10～20 cm 条播，覆土深度为 0.5～1.0 cm，播后填压 1～3 次即可。

该模式能从根本上治理重度盐碱化草地，改变土壤的理化性质，彻底改变草原盐碱化状况。

五、浅翻轻耙整地+披碱草、羊草或草木樨种子+生态制剂

该模式适用于中度盐碱化草地。

（1）草种的准备：选择耐盐碱植物的种子、在当地具有生长优势的植物的种子或者优良栽培牧草种子，一般为披碱草种子、羊草种子或草木樨种子，种子的纯度为 90%～98%。

（2）整地：对土壤进行浅翻轻耙，浅翻深度为 8～10 cm，耕深一致，土块耙碎。

（3）生态制剂的施用：按重量百分比取腐殖酸含量大于35%的风化煤，粉碎成粉末或者颗粒，粒度为 0.1～5.0 mm，按每亩 30～50 kg 施用，使生态制剂与土壤混合均匀。

（4）草种的播种：①播种的时机：播种期为 6～7 月；②播种量：每亩播种量为 3～5 kg；③播种方式：用 24～48 行播种机，行间距为 10～20 cm 条播，覆土深度为 2～5 cm，播后填压 1～3 次即可。

该模式能从根本上治理中度盐碱化草地，改变土壤的理化性质，提高土壤的肥力，彻底改变土地盐碱化状况。

六、浅翻轻耙整地+羊草、草木樨或紫花苜蓿种子+生态制剂

该模式适用于轻度盐碱化草地。

（1）草种的准备：选择耐盐碱植物的种子或者在当地生长良好的优势植物种子，或优良栽培牧草种子，一般为羊草、草木樨或紫花苜蓿的种子，种子的纯净度为90%~95%，羊草种子的发芽率不少于20%，草木樨或紫花苜蓿种子的发芽率为85%以上。

（2）整地：对土壤进行浅翻轻耙，土壤浅翻的深度为8~10 cm，耕深一致，土块耙碎。

（3）生态制剂的施用：取腐殖酸含量大于35%的风化煤，粉碎成粉末或者颗粒，粒度为0.1~5.0 mm，按每亩30~50 kg施用，使生态制剂与土壤混合均匀。

（4）草种的播种：①播种的时机：播种期为6~7月；②播种量每亩播种量为2~3 kg；③播种方式：用24~48行播种机，行间距为10~20 cm条播，覆土深度为2~5 cm，播后镇压1~3次即可。

该模式能从根本上治理轻度盐碱化草地，改变土壤的理化性质，提高土壤的肥力，彻底改变草原盐碱化状况。

七、治理模式应用的指标分析

指标分析与选择流程如图7-1。

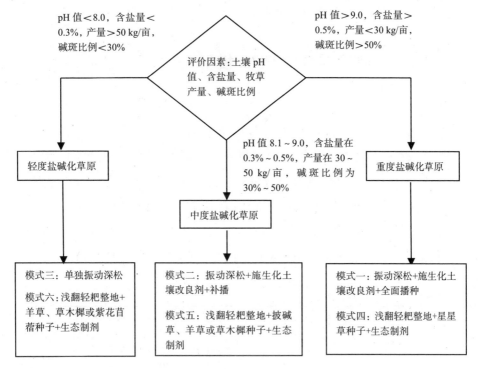

图 7-1 盐碱草原治理模式技术指标分析与选择流程

第三节 基于 RAGA 的 PPC 模型 在盐碱化草原改良中的应用

目前，改良盐碱化草原的方法主要有浅翻轻耙、围栏封育、重耙、施改良剂等，各种方法虽有效果，但见效慢，不明显。采用振动深松集成技术后改良当年即可见效。本节对采用基于 RAGA 的 PPC 模型进行盐碱土改良前后的各指标进行评价，改良方法选用浅翻轻耙、对角耙、围栏封育、振动深松和对照区进行比较。

一、数据指标的选定

盐碱化草原改良前后盐碱土的评价指标：土壤化学指标（含盐量、Na^+、pH值）、土壤物理指标（硬度、渗透系数、土壤容重、孔隙率）、生物量指标（产量、株高、根长）、环境指标（植被覆盖率、优质牧草占有率）、效益指标（投入、产出），共计 14 项作为评价指标。

二、建立评价样本的 PPC 模型

对浅翻轻耙区、对角耙区、围栏封育区、振动深松区、对照区分别进行样本评价指标调查。每个样本有 14 个指标，即 14 维数据。对表 7-1 建立 PPC 模型。RAGA 过程中选定父代初始种群规模为 n，交叉概率 p_c=0.80，变异概率 P_m=0.80，优秀个体数目选定为 20 个，a 为 0.05，加速次数为 8，得出最大投影指标值为 2.317，最佳投影方向 a^*=（0.380 1　0.203 2　0.377 3　0.121 6　0.112 5　0.176 8　0.465 7　0.349 7　0.192 9　0.023 2　0.230 9　0.164 9　0.334 0　0.210 1），将 a^* 代入式（6-6）即得各个评价样本的投影值 $z_1^*(j)$=（0.378 3　3.012 4　1.660 8　0.882 5　1.547 3）。

表 7-1　改良前后评价指标

改良方法	土壤化学指标			土壤物理指标			
	含盐量/ (g·kg⁻¹)	K⁺+Na⁺/ (g·kg⁻¹)	pH 值	穿透阻力/ kPa	渗透系数 K/(cm·min⁻¹)	土壤容重/ (g·cm⁻³)	孔隙率/%
CK	7.6	2.237	10.6	960	1.3×10^{-5}	1.49	38.47
ZS	1.1	0.361	8.5	460	3.4×10^{-4}	1.22	53.02
QB	8.6	3.145	10.4	570	5.0×10^{-4}	1.35	50.46
WL	7.9	2.613	9.6	840	1.3×10^{-5}	1.35	48.48
DB	3.8	1.382	10.1	990	4.4×10^{-4}	1.43	43.10

改良方法	生物指标			环境指标		效益指标	
	牧草产量/ (kg·hm⁻²)	株高/ cm	根长/ cm	植被覆盖率/%	优质牧草占 有率/%	投入/ （元·hm⁻²）	产出/ （元·hm⁻²）
CK	427.5	19.3	10	15.2	1	0.0	171.0
ZS	2206.5	57.3	40	74.5	50	411.0	882.0
QB	1518.0	48.0	20	49.0	30	312.0	607.5
WL	961.5	31.2	10	36.0	5	234.0	385.5
DB	1347.0	46.7	21	43.4	30	300.0	538.5

注：改良方法效益指标投入按 5 年分摊，土壤物理及化学指标为 0~60 cm 均值。

三、草原生态环境变化趋势分析

通过上述计算结果可知，我们将几种改良方法进行比较后发现，评价样本投影值排序为：振动深松（3.012 4）＞浅翻轻耙（1.660 8）＞对角耙（1.547 3）＞围栏封育（0.882 5）＞对照区（0.378 3），对照区的评价样本投影值远远小于其他改良方法。浅翻轻耙、对角耙、围栏封育、振动深松改良方法对盐碱化草原均产生良好的改良效果，最为明显的是振动深松集成技术，它使土壤各项好的指标呈上升趋势，对作物有害的指标则呈下降趋势，草原土壤生态环境得到了大大的改善，进一步证明了振动深松集成技术是改良盐碱化草原的有效措施之一。

第四节　生态修复评价研究

通过对振动深松技术改良连续 3 年生物多样性的变化进行研究，从物种多样性、丰富度、均匀度的角度来进一步验证采用振动深松+康地宝集成技术的生态修复的效果。利用 Excel 进行分析、整理、计算，结果详见表 7-2。物种丰富度指数、多样性指数、均匀度指数见图 7-2 至图 7-4。

表 7-2　振动深松区群落种类重要值分析

处理	植物种类	密度	相对密度/%	频度	相对频度/%	盖度/%	相对盖度/%	物种数	重要值
CK	碱蓬	2	16.67	0.67	40.00	0.17	1.10		57.77
	稗草	10	83.33	1.00	60.00	15.00	98.90		242.23
	合计	12	100.00	1.67	100.00	15.17	100.00	2	300.00
ZSK-1	灯笼	1	3.13	0.25	6.67	0.13	0.17		9.96
	韭菜	1	3.13	0.25	6.67	0.13	0.17		9.96
	蒲公英	1	3.13	0.25	6.67	0.50	0.67		10.46
	猪牙菜	1	3.13	0.25	6.67	1.25	1.68		11.47
	苍耳	1	3.13	0.25	6.67	3.25	4.36		14.15
	羊草	4	12.50	0.50	13.33	9.50	12.75		38.59
	谷莠子	7	21.88	0.75	20.00	10.00	13.42		55.30
	水稗草	5	15.63	0.50	13.33	16.50	22.15		51.11

续表

处理	植物种类	密度	相对密度/%	频度	相对频度/%	盖度	相对盖度/%	物种数	重要值
ZSK-1	虎尾草	11	34.38	0.75	20.00	33.25	44.63		99.01
	合计	32	100.00	3.75	100.00	74.50	100.00	9	300.00
ZSK-2	披碱草	10	26.32	1.00	14.29	30.00	35.48		76.08
	羊草	8	21.05	1.00	14.29	25.00	29.57		64.91
	灰菜	1	2.63	0.40	5.71	5.00	5.91		14.26
	苍耳	1	2.63	0.20	2.86	3.25	3.84		9.33
	草木樨	1	2.63	0.40	5.71	2.50	2.96		11.30
	苣荬菜	2	5.26	0.40	5.71	2.30	2.72		13.70
	谷莠子	3	7.89	0.60	8.57	2.00	2.37		18.83
	水稗草	2	5.26	0.40	5.71	2.00	2.37		13.34
	野豌豆	1	2.63	0.20	2.86	2.00	2.37		7.85
	香蒿	1	2.63	0.60	8.57	1.80	2.13		13.33
	刺菜	1	2.63	0.20	2.86	1.40	1.66		7.14
	杨铁叶子	1	2.63	0.40	5.71	1.30	1.54		9.88
	灯笼	1	2.63	0.20	2.86	1.00	1.18		6.67
	韭菜	1	2.63	0.20	2.86	1.00	1.18		6.67
	蒲公英	1	2.63	0.20	2.86	1.00	1.18		6.67
	猪牙菜	1	2.63	0.20	2.86	1.00	1.18		6.67
	三棱草	1	2.63	0.20	2.86	1.00	1.18		6.67
	委陵菜	1	2.63	0.20	2.86	1.00	1.18		6.67
	合计	38	100.00	7.00	100.00	84.55	100.00	18	300.00
ZSK-3	羊草	15	29.41	1.00	11.36	35.00	38.75		79.52
	披碱草	5	9.80	0.80	9.09	12.00	13.29		32.18
	谷莠子	2	3.92	0.60	6.82	5.00	5.54		16.28
	水稗草	1	1.96	0.40	4.55	5.00	5.54		12.04
	虎尾草	2	3.92	0.60	6.82	3.00	3.32		14.06
	三棱草	1	1.96	0.20	2.27	3.00	3.32		7.55
	碱蓬	3	5.88	0.40	4.55	3.00	3.32		13.75
	草木樨	1	1.96	0.20	2.27	2.50	2.77		7.00
	蒲公英	1	1.96	0.20	2.27	2.00	2.21		6.45

续表

处理	植物种类	密度	相对密度/%	频度	相对频度/%	盖度	相对盖度/%	物种数	重要值
	苣荬菜	1	1.96	0.40	4.55	2.00	2.21		8.72
	香蒿	1	1.96	0.20	2.27	2.00	2.21		6.45
	益母草	1	1.96	0.20	2.27	2.00	2.21		6.45
	灰菜	2	3.92	0.80	9.09	2.00	2.21		15.23
	女莞	1	1.96	0.20	2.27	1.80	1.99		6.23
	委陵菜	1	1.96	0.20	2.27	1.50	1.66		5.89
	刺菜	1	1.96	0.40	4.55	1.30	1.44		7.95
	韭菜	4	7.84	0.20	2.27	1.00	1.11		11.22
ZSK-3	猪牙菜	1	1.96	0.20	2.27	1.00	1.11		5.34
	杨铁叶子	1	1.96	0.20	2.27	1.00	1.11		5.34
	马兰花	1	1.96	0.20	2.27	1.00	1.11		5.34
	野豌豆	1	1.96	0.20	2.27	1.00	1.11		5.34
	小根蒜	1	1.96	0.40	4.55	1.00	1.11		7.61
	米口袋	1	1.96	0.20	2.27	1.00	1.11		5.34
	灯笼	1	1.96	0.20	2.27	0.13	0.14		4.37
	苍耳	1	1.96	0.20	2.27	0.10	0.11		4.34
	合计	51	100.00	8.80	100.00	90.30	100.00	25	300.00

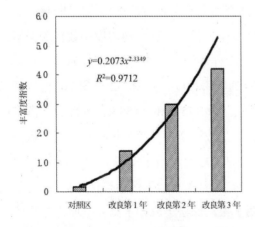

图 7-2　物种丰富度指数

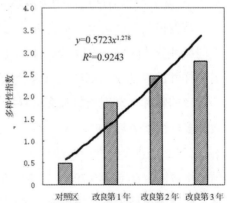

图 7-3　物种多样性指数

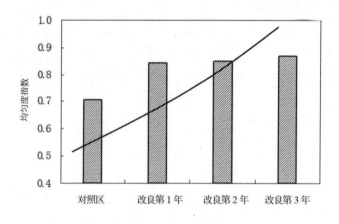

图 7-4　物种均匀度指数

生物多样性是陆地生态系统中生物群落的重要特征，生物多样性的丧失是生态系统退化的主要表现形式之一（吕世海 等，2006）。通过不同改良时间连续 3 年的跟踪采样调查数据表明，草原植被的盖度呈逐年增加的趋势，特别是振动深松+康地宝区的盖度指标要远高于对照区的，草群盖度发生变化，增加了植物郁蔽度和植物出现率（杨利民 等，2001）。

物种种类组成作为群落的最基本特征，决定着群落的外貌、结构和功能及演替方向，而重要值能反映一个种类在群落中的地位（邵彬 等，2000）。改良前，以碱蓬、水稗草占据优势地位。改良当年，碱蓬基本消失，水稗草失去优势地位，取而代之的优势种是谷莠子、虎尾草和人工播种羊草等。物种数由原来的 2 个增加到 9 个。随着改良时间增加物种逐渐增加至 25 个，羊草群落优势地位明显提高。

丰富度指数是最简单、最古老的物种多样性测度方法。均匀度指数代表群落中不同物种分布的均匀程度，也是群落生物多样性研究中的重要概念（Pielou，1969）。群落多样性的提高反映草原生态系统恢复到健康程度，由图 7-2 至图 7-4 可以看出，改良前物种丰富度指数和多样性指数仅为 0.175 3 和 0.489 9，改良后丰富度指数和多样性指数均呈指数型递增。丰富度指数第 2 年、第 3 年较改良当年提高了 1.1 倍和 2.0 倍；多样性指数改良第 2 年、第 3 年较改良当年提高了 32.2% 和 50.8%。均匀度指数由改良前的 0.706 8 提高到 0.844 2。且羊草为本区植被优势群落类型，恢复了原有的植被生态系统，充分地证明了振动深松集成技术修复草原生态环境的有效性。

第八章　盐碱化草原改良技术集成应用研究

第一节　盐碱化草原改良集成技术的应用

一、2003—2005 年推广应用情况

由于该集成技术具有见效快、实用性强的优点，2003—2005 年在松嫩平原七个市县进行了中试推广（表 8-1）。

表 8-1　2003—2005 年改良盐碱化草原和中低产田中试推广面积统计表

项目区	盐碱化草原改良		中低产田面积/亩
	面积/亩	盐碱化程度	
安达市	10 120	重度盐碱化	1 500
青冈县	4 600	中度盐碱化	10 440
明水县	1 400	中度盐碱化	200
肇东市	4 100	中度盐碱化	
肇州县	2 000	重度盐碱化	
肇源县	2 000	重度盐碱化	
富裕县	1 400	轻度盐碱化	
合计	25 620		12 140

二、2006—2007 年推广应用情况

2006—2007 年在松嫩平原盐碱化草原较具代表性的安达、青冈、肇东、明水、杜尔伯特等地推广面积达 20.0 万亩，其中重度盐碱化草原 9.5 万亩、中度盐碱化草原 6.5 万亩、轻度盐碱化草原 4.0 万亩。

因此，2003—2007 年 5 年间，在松嫩平原盐碱化草原较具代表性的安达、青

冈、肇东、明水、杜尔伯特等地一共推广面积达 22.562 万亩，其中重度盐碱化草原 10.912 万亩、中度盐碱化草原 7.51 万亩、轻度盐碱化草原 4.14 万亩。改良中、低产田 1.214 万亩。

三、盐碱化草原应用

不同草原区盐碱化程度不同，青冈、明水和肇东项目区属于中度盐碱化草原，安达、肇州和肇源属于重度盐碱化草原，富裕属于退化草原。在采用集成技术后，各中试区实施当年草原植被得到了恢复。青冈项目区（图 8-1、图 8-2）改良后第 2 年，羊草平均高为 92.67 cm，披碱草高 116 cm，植被覆盖率达到了 100%，优质羊草覆盖超过 60%，各种野生牧草达 38 种。按照羊草的生长习性，在白花花的碱斑上长出了羊草，部分已连成线，有望连成片，并很快将成为优质羊草区。明水项目区（图 8-3）：改良第 2 年后，草高达 110 cm，牧草草质、密度也好于采用浅翻轻耙、全面播种的项目区。肇东、肇州项目区（图 8-4 至图 8-6）：虽然播种较晚加之干旱，但从照片中也可以看出种植的羊草已经发芽，部分地区牧草已经成行，肇州和肇东项目区改良第 2 年牧草鲜产量分别达到了 639.3 kg/亩和 799.0 kg/亩（取样时间为 9 月中旬），生态环境得到了改善。

图 8-1　青冈项目区改良前（摄于 2004 年 5 月 5 日）

图 8-2　青冈项目区改良第 2 年牧草长势（摄于 2004 年 8 月 6 日）

图 8-3　明水项目区改良第 2 年牧草长势（摄于 2004 年 8 月 7 日）

图 8-4　肇东项目区改良第 2 年牧草长势（摄于 2005 年 6 月 13 日）

图 8-5　肇州项目区改良前牧草长势（摄于 2005 年 8 月 26 日）

图 8-6　肇州项目区改良第 2 年牧草长势（摄于 2005 年 8 月 26 日）

从土壤角度来看（表 8-2），改良后土壤质地变好，表层有机质含量增高，pH 值和盐分含量大大下降，对作物毒害大的 Na^+ 也被大量代换，土壤由重、中度盐碱化草原变为中、轻度盐碱化草原。

表 8-2　改良前后土壤剖面

改良前	改良后
0～2 cm 土壤呈灰白色，片状，粉沙土，表层有龟裂。 2～4 cm 黑褐色，粉质黏土，土粒较细。 4～40 cm，夹沙，局部粉土透晶体，花生大小，夹黑油层，有白斑，盐分析出。 40～75 cm 黄褐色，亚黏土，呈粗条，土质较黏，局部夹沙。 75～110 cm 黄褐色，有竖向浅黑色条带，黄土略多。	0～10 cm 土壤呈黑色，夹沙，土质疏松，草皮根系发达，有机质含量相对较高。 10～20 cm 黑褐色，夹黑油层，夹沙，土质黏重。 20～40 cm 褐色，土质坚硬，土壤揉搓呈散粒状。 40～75 cm 黄褐色，亚黏土，呈粗条，土质较黏，局部夹沙。 75～110 cm 黄褐色，有竖向浅黑色条带，黄土略多。

四、中低产田应用

在中低产田改良中，主要采用的是模式三，即单独振动深松。对于耕地由于多年在同一深度下进行机械耕作而形成了坚硬的犁底层，影响作物根系扎根和生长，采用振动深松技术后可打破坚硬的犁底层，熟化生土层，为作物创造良好的生长环境，继而提高了作物的产量和品质。中试区在采用振动深松技术后中低产田作物产量见表 8-3。

表 8-3　中试区中低产田产量表

作物	万寿菊	大豆制种	玉米制种	有机葵花	有机芸豆	白萝卜	西瓜制种	马铃薯	甘草
试验区产量/（kg/亩）	1 000	150	245	130	120	6 000	22	1 500	540
对照区产量/（kg/亩）	800	110	225	100	90	4 000	20	1 000	440
增产/%	25.0	37.3	8.90	30.0	33.3	50.0	10.0	50.0	22.7

由此可以看出，在采用振动深松技术后万寿菊亩增产 25.0%，大豆制种亩增产 37.3%，马铃薯亩增产 50.0%，甘草亩增产 22.7%，玉米制种亩增产 8.9%，有机葵花亩增产 30.0%，有机芸豆亩增产 33.3%，白萝卜亩增产 50.0%，西瓜制种亩增产 10.0%。

五、应用效果

通过采用集成技术改良后，当年即可恢复草原植被，改良第 2 年草原覆盖率超过 80%。不仅盐碱化土壤得以改良，而且变成了优质、高产牧草区；对照区物种仅为 4～6 种，改良后达 20 余种，野生的水稗草、香蒿、韭菜等都能生长出来，曾经寸草不生的盐碱地如今变黑、变肥，植物茂盛，日益恶化的草原生态环境完全得到恢复。

采用单项技术或集成技术后改良盐碱化草原和中低产田增产效果十分显著。同时还表现在以下几方面：①采用深松技术后增大了土壤库容，较深松前多涵蓄 60～80 mm 降水，保证了牧草和作物的生长需水，高效利用了水资源。②针对盐碱化程度采用不同的治理模式，因地制宜，实现投入产出最大化。而其他改良措施不考虑盐碱化程度，均采用同一种方法，无法实现投入产出最大化。③将重、中度盐碱化草原改良为中、轻度盐碱化草原，成为高产优质的人工草场，形成了草业经济，促进了畜牧业发展。

通过项目区的展示、示范作用，可以带动黑龙江省草原改良项目的建设，并为黑龙江省的生态省建设提供新的、可以信赖的技术，加快黑龙江省生态省建设的步伐。随着这一集成技术的普及推广，大面积盐碱废弃地将被开发利用，退化草原植被得以恢复，日益恶化的生态被遏止，那种盐碱飞扬、天昏地暗的景象不复存在。

对于中低产田实施该项技术后，不仅实现粮食稳产、高产、优质和高效，营造经济发展新的增长点，为黑龙江省由农业大省变为农业强省及生态省建设提供强有力的技术支撑。

第二节　应用效果评价

2004—2005 年，黑龙江省委政研室、省委办公厅联合调查组对黑龙江省水利科学研究院振动深松集成技术治碱改草项目实施情况进行了调查。调查中，深入了安达市万宝山镇和青冈县农场试验示范区，察看了草原长势，分别召开了有县领导和县农委、水务局、畜牧局等部门和乡镇负责同志、有关技术人员参加的座谈会，听取了黑龙江省水利厅、黑龙江省水利科学研究院有关同志的介绍，与东北农业大学、黑龙江省农业科学院、黑龙江省草原中心实验站、黑龙江省农业机械研究院等单位的专家进行了座谈。与会人员一致认为这项技术是黑龙江省从根本上治理盐碱化草原的重大突破，也是一项改造盐碱性中低产田的有效措施，对于改善黑龙江省西部地区生态环境、推进粮牧主辅换位、建设畜牧业大省、促进贫区脱贫、增加农民收入具有举足轻重的作用，战略意义重大。

一、项目实施过程

2000 年，黑龙江省水利科学研究院的科技人员通过多次深入现场调查，并查阅了大量的国内外资料，对松嫩平原农牧业发展和生态环境现状进行分析，提出了关于"改善松嫩平原盐碱土生态环境综合治理措施的研究"课题。在青冈县立新村选择重度盐碱地开展小区试验。在对大量数据系统分析、优化后，确定了以振动深松为主施用生物改良剂（康地宝）的改土治碱集成技术。

2001—2002 年，将青冈县试验成果移植到安达市万宝山镇进行扩大试验研究

（pH 值 10.3，试验面积 120 亩）。通过 2 年试验研究，取得了实质性、突破性、显著性的科研成果。同年，黑龙江省老区促进会的专家和领导们跟踪调查了该项课题。2002 年 9 月黑龙江省水利厅组织召开项目现场研讨会。

2003 年，此项目列入黑龙江省科技攻关计划，开始松嫩平原西部盐碱土综合治理及高效利用模式与技术研究。黑龙江省水利厅、农业开发办给予配套资金用于在安达试验区的科研和中试推广工作，试验示范面积 3 240 亩，其中改良盐碱化草原 2 000 亩，低产田改造 1 240 亩。

2004 年，为进一步加速科技成果转化和中试推广，黑龙江省老区促进会协调黑龙江省水利厅、发改委、农业开发办、国土资源厅等部门投资，先后在安达、肇东、富裕、明水等市（县）建立试验示范核心区，盐碱化草原改良 1.7 万余亩，低产田改造 1 万余亩，其中盐碱地种稻 2 000 亩。至 2005 年共完成试验和中试面积近 4 万亩。

2006—2008 年，该技术成果继续在黑龙江省西部 17 个市（县）推广，应用面积达 13.3 万亩，辐射推广约 100 万亩。

2018—2020 年，利用黑龙江省财政专项资金，在安达市开展盐碱地种稻专项研究。

二、评价结果

（一）集成技术的基本原理科学可靠

该项目基本内容是以振动深松改土为核心，辅以生物制剂和农艺措施，综合治理盐碱地，达到洗碱渗碱、改良土壤、快速恢复草原植被、改善生态环境的目的。振动深松土壤深度可达 50 cm，碎土效果良好，可改善土壤的物理性状，重新组合土壤的团粒结构，调节土壤水、肥、气、热条件，特别是通过雨季淋洗作用，使土壤表层盐碱有效下渗。安达市万宝山镇试验结果证明，3 年内，0～20 cm 土层的总含盐碱量由 0.415% 降到 0.123%，下降了 70%，土壤硬度从 1 000～1 500 kPa 下降到 500～700 kPa。3 年时间土壤全氮含量提高 50.2%，全磷含量提高 26.5%，有机质含量提高 94.5%，土壤各项化学指标趋向良性化发展。

（二）集成技术经过了不断熟化的过程

2000 年在青冈县立新村开展小区试验，确定了以振动深松为主体、适当施用生物制剂（康地宝）的集成技术。2001 年将青冈县试验小区成果移到安达市万宝山镇扩大试验研究区，6 月下旬开始播种，当年每亩收获鲜草 430～700 kg。2002 年在安达市万宝山镇扩大面积 1 000 亩。当地农户惊讶地说："现在这片郁郁葱葱的草地，当时是一片刮风冒白烟的'碱疤癞'，几乎寸草不生。"2003 年试验进入中试阶段，在青冈县农场三队试验草原面积 1 000 亩，改良中低产田面积 1 240 亩；安达市万宝山镇试验草原面积 1 000 亩。2004 年草原改良中试 1.7 万亩。其中，富裕县 1 400 亩、肇东市 1 500 亩、肇州县 2 000 亩、肇源县 2 000 亩、青冈县 2 300 亩、明水县 1 800 亩、安达市 6 000 亩。从调查的安达市万宝山镇试验现场看，中试是明显成功的，植被物种由实验第 1 年的 4～5 种增加到 6 科 27 种，形成了以羊草、披碱草为主的经济草场。围栏外未治理区大片不毛之地十分凄凉，围栏内治理区草浪涌动生机盎然。

（三）集成技术明显优于以往治碱改草措施

黑龙江省过去采取过水洗、沙压和化学试剂改良措施，投资较大，见效不明显。联合国粮食和农业组织投入 33.5 万美元，在黑龙江省林甸县建草原改良试验区，采取掺石膏的办法，由于投入成本高、改良后牧草覆盖率低，不适宜推广。浅翻重（轻）耙，可见到一定成效，但这种方法仅使土壤表层疏松，不能达到深松改土、蓄水保墒的作用，且土壤脱盐脱碱的问题仍然没有解决，遇旱遇涝则又反复。而采用振动深松集成技术，不仅保留了原有的土壤层结构和植被，而且可将降水含蓄在土壤中，形成"土壤水库"。经测算，深松 50 cm 土壤，年可多蓄降水 80～100 mm，达到了春增墒、防春旱、夏蓄水、抗涝害的效果。从经济效益上看，采用振动深松集成技术改良盐碱化退化草原，比浅翻重（轻）耙节省了一遍机耕费用 20 多元。不计骨干工程投资，用深松集成技术改良草原的亩投资为 100 元左右（其中振动深松机耕费 18～23 元，种子 36～48 元，生化制剂 18～36 元，喷药、播种费 10～15 元）。中试示范区当年每亩收获鲜草 430～700 kg。3 年改良熟化草原平均每亩收获鲜草 1 716 kg、出干草 286 kg。由于一次投资 5～7 年受益，按每年平均成本 20 元计算，投入产出比为 1:5 以上。如果 pH 值在 9.0

以下的退化草原或低产田，只采用振动深松、适度补种（播种）即可达到改良目的，亩投入在 50 元以内，当年即可收到效益。青冈县推广了浅翻重耙和振动深松两种方法，草原管理部门的对比结论是振动深松明显好于浅翻重耙，比较各种治碱改草方法，唯有振动深松最佳。

（四）集成技术在中低产田（水田）应用效果明显

振动深松整地可以打破长期板结的土壤犁底层，除洗碱压碱外，蓄水保墒效果明显。青冈县试点试验结果，过去大豆亩产只有 75 kg 左右，采取振动深松整地技术，亩产达到 150 kg。尤其是由于土壤板结和耕层盐碱水浸泡无法种植的高效益作物，经过振动深松整地也可以种植了。2003 年青冈县种植的白萝卜亩产为 5 000 kg，较辐射区亩增产 20%，较对照区增产 50%，亩产值 900 元，亩纯收入 550 元；万寿菊试验区亩产 800 kg，较对照区增产 50%，亩产值 480 元，亩纯收入 255 元。2004 年全县中低产田改造扩大到 3 470 亩，增加了毛葱、南瓜、大豆繁种和瓜菜制种等项目。青冈县连续三年使用振动深松技术进行了中低产田改造试验，其结果是小麦平均增产 62.2%，玉米增产 52.3%，大豆增产 56.0%。

（五）集成技术得到了各方面的充分肯定

2002 年 9 月黑龙江省水利厅在安达市万宝山镇召开项目现场研讨会，除黑龙江省发改委、农委、科技厅、畜牧局、农业科学院等有关方面负责人和专家外，还邀请了水利部牧区水利研究所、中国农业大学、吉林省草原总站等权威单位的专家参加，大家一致认为这项技术无论在改良草原，还是在改造中低产田上的试验都是很成功的，效果明显、简单易行、适宜推广。我国盐碱地治理著名专家——中国科学院土壤肥料研究所魏由庆教授先后三次亲临现场指导，认为"这种治碱改草的方法不但在盐碱化草原改良上有效，在中低产田改造上也很适用，应用前景广阔"。黑龙江省革命老区振兴发展促进会（简称老促会）在这一技术试验上做了大量工作，还为此专门成立了由离休老干部和专家组成的专项推进组，争得了黑龙江省发改委、科技厅、农业开发办、国土资源厅、水利厅、农发行等部门的大量资金支持。老促会的马国良、张若先、戴谟安、冯兆英等老同志及黑龙江省一些老专家对这项技术表示了极大关注和支持。

参考文献

白金婷, 2016. 结合高分辨率遥感影像多维特征的森林分类[D]. 北京: 北京林业大学.

卜繁超, 姚文军, 2002. 天然草地机械化补播改良技术及配套机具[J]. 农机推广与安全(6): 24-25.

蔡阿兴, 蒋其鳌, 常运诚, 等, 1999. 沼气肥改良碱土及其增产效果研究[J]. 土壤通报, 30(1): 4.

陈德明, 俞仁培, 1995. 作物相对耐盐性的研究——Ⅰ.小麦和大麦不同生育期的耐盐性[J]. 土壤学报, 32(4): 414-422.

陈德明, 俞仁培, 1996. 作物相对耐盐性的研究——Ⅱ.不同栽培作物的耐盐性差异[J]. 土壤学报, 33(2): 121-127.

陈鸿德, 孙彦君, 周宙, 等, 2002. 多功能振动式深松机的开发[J]. 水利水电技术, 33(3): 51-53.

陈秀玲, 1985. 咸水灌溉土壤水盐动态与作物产量[G]. 国际盐渍土改良学术讨论会论文集.

陈亚新, 史海滨, 魏占民, 2005. 土壤水盐信息空间变异的预测理论与条件模拟[M]. 北京: 科学出版社.

董静, 2015. 遥感技术在水利信息化中的应用综述[J]. 水利信息化(1): 37-41.

杜一平, 王文明, 张彦芳, 2002. 用投影寻踪方法建立准确的定量构性关系模型[J]. 山东工程学院学报, 16(2): 25-27.

樊润威, 董进亚, 1996. 内蒙古河套灌区盐碱土覆膜对土壤生态环境及作物生长的影响[J]. 土壤肥料(3): 10.

付馨, 赵艳玲, 李建华, 等, 2013. 高光谱遥感土壤重金属污染研究综述[J]. 中国矿业(1): 65-68, 82.

高贤明, 马克平, 陈灵芝, 等, 2004. 旅游对北京东灵山亚高山草甸物种多样性影响的初步研究[J]. 生物多样性, 12(2): 189-195.

高新科, 张富仓, 1996. 非饱和的土壤溶质运移数值模拟的初步研究[J]. 西北农业大学学报, 24(2): 66-70.

谷安琳, HOZWORTH L, 乔秉钧, 等, 1998. 中美耐盐禾草建植和产量试验[J]. 中国草地(6): 17-20.

郭继勋, 姜世成, 任炳忠, 2000. 松嫩草原优势植物羊草立枯体分解的研究[J]. 生态学报, 20(5): 784-787.

郭继勋, 姜世成, 孙刚, 1998. 松嫩平原盐碱化草地治理方法的比较研究[J]. 应用生态学报(4): 425-428.

郭鹏, 武法东, 戴建国, 等, 2017. 基于无人机可见光影像的农田作物分类方法比较[J]. 农业工程学报, 33(13): 112-119.

郭旭东, 傅伯杰, 2000. 河北省遵化平原土壤养分的时空变异特征-变异函数和Kriging 插值分析[J]. 地理学报, 55(5): 555-566.

韩双平, 荆继红, 孙继朝, 等, 2005. 银川北部平原土壤水分运动状态类型及水盐运移机理研究[J]. 农业环境科学学报, 11(4): 148-152.

侯杰, 牧振伟, 赵涛, 2003. 悬栅消能率的投影寻踪回归数值模拟及检验[J].新疆农业大学学报, 26(3): 13-16.

胡克林, 李保国, 林启美, 等, 1999. 农田土壤养分的空间变异性特征[J]. 农业工程学报, 12(3): 23-29.

黄冠华, 叶自桐, 杨金忠, 1995. 一维非饱和溶质随机运移模型的谱分析[J]. 水利学报(11): 1-7.

黄康乐, 1988. 求解二维和饱和-非饱和溶质运移问题的交替方向特征有限单元法[J]. 水利学报(7): 1-13.

姜秋香, 付强, 王子龙, 2008. 空间变异理论在土壤特性分析中的应用研究进展[J]. 水土保持学报, 15(1): 17-24.

姜恕, 1986. 草地生态研究方法[M]. 北京: 中国农业出版社.

姜维军, 段兴涛, 2021. 遥感技术在水利信息化中的运用及问题分析[J]. 水利技术监督(2): 28-30.

姜毅, 季相星, 2018. 基于遥感影像的连云港市生态环境评价研究[J]. 能源与环境, 151(6): 77-78, 80.

蒋定生, 黄国俊, 1986. 黄土高原土壤入渗速率的研究[J]. 土壤学报(4): 299-304.

金菊良, 汪淑娟, 魏一鸣, 2004. 动态多指标决策问题的投影寻踪模型[J]. 中国管理科学, 12(l): 64-67.

金菊良, 魏一鸣, 丁晶, 2002. 投影寻踪门限回归模型在年径流预测中的应用[J]. 地理科学, 22(2): 171-175.

康杰, 刘蔚秋, 于法钦, 等, 2005. 深圳笔架山公园的植被类型及主要植物群落分析[J]. 中山大学学报(6): 10-31.

亢庆, 张增祥, 赵晓丽, 2008. 基于遥感技术的干旱区土壤分类研究[J]. 遥感学报(1): 159-167.

科夫达, 1957. 盐渍土的发生与演变[M]. 席承蕃, 等译. 北京: 科学出版社.

雷志栋, 杨诗秀, 1982. 非饱和土壤水一维流动的数值计算[J]. 土壤学报, 19(2): 141-153.

雷志栋, 杨诗秀, 谢森传, 1988. 土壤水动力学[M]. 北京: 清华大学出版社.

雷志栋, 杨诗秀, 许志荣, 1985. 土壤特性变异性初步研究[J]. 水利学报(9): 10-20.

李朝刚, 王春晴, 1996. 解非饱和流土壤溶质运移方程的数值方法[J]. 甘肃农业科技(5): 18-20.

李恩羊, 1982. 渗灌条件下非饱和土壤水分运动的数学模拟[J]. 水利学报(4): 1.

李方方, 刘正军, 徐强强, 等, 2018. 面向对象随机森林方法在湿地植被分类的应用[J]. 遥感信息(1): 111-116.

李凤全, 卞建民, 张殿发, 2000. 半干旱地区土壤盐碱化预报研究[J]. 水土保持通报, 20(2): 1-4.

李焕珍, 张玉龙, 1999. 脱硫石膏改良强度苏打盐渍土效果的研究[J]. 生态学杂志, 18(1): 25-29.

李建东, 吴榜华, 盛连喜, 2001. 吉林植被[M]. 吉林: 吉林科学技术出版社.

李建东, 郑慧莹, 1995. 松嫩平原盐碱化草地改良治理的研究[J]. 东北师范大学学报 (自然科学版)(1): 110-115.

李梦颖, 邢艳秋, 刘美爽, 等, 2017. 基于支持向量机的 Landsat-8 影像森林类型识别研究[J]. 中南林业科技大学学报, 37(4): 52-58.

李青云, 董全民, 2002. 围栏封育对高寒草甸退化植被的作用[J]. 青海草业, 11(3): 1-2, 5.

李取生, 李秀军, 李晓军, 等, 2003. 松嫩平原苏打盐碱地治理与利用[J]. 资源科学(1): 15-20.

李希来, 1999. 高寒草甸草地在全封育下的植物量变化[J]. 青海畜牧兽医杂志, 24(4): 9-11.

李新举, 张志国, 李永昌, 1999. 秸秆覆盖对盐渍土水分状况影响的模拟研究[J]. 土壤通报, 30(4): 176-177.

李毅, 刘建军, 2000. 土壤空间变异性研究方法[J]. 石河子大学学报(自然科学版), 4(4): 331-333.

李韵珠, 陆景文, 黄坚, 1985. 蒸发条件下黏土层与土壤水盐运移[G]. 国际盐渍土改良学术讨论会论文集.

李子忠, 龚元石, 2000. 农田土壤水和电导率空间变异性及确定其采样数的方法[J]. 中国农业大学学报, 5(5): 59-66.

李祚泳, 邓新民, 侯宇光, 1999. 流域年均含沙量的 PP 回归预测[J]. 泥沙研究(l): 66-69.

林年丰, 汤洁, 卞建民, 等, 1999. 东北平原第四纪环境演化与荒漠化问题[J]. 第四纪研究, 19(5): 448-455.

林伟, 田铮, 何帆, 2003. 基于投影寻踪子波学习网络的图像无监督恢复[J].西北工业大学学报, 21(3): 344-347.

刘丙万, 蒋志刚, 2002. 青海湖草原围栏对植物群落的影响兼论濒危动物普氏原羚的保护[J]. 生物多样性, 10(3): 326-331.

刘春华, 张文淑, 1993. 六十九个苜蓿品种耐盐性及其二个耐盐生理指标的研究[J]. 草业科学, 10(6): 16-22.

刘付程, 史学正, 潘贤章, 等, 2003. 苏南典型地区土壤颗粒的空间变异特征[J]. 土壤通报, 34(4): 246-249.

刘红辉, 2000. 资源遥感: 从区域调查到全球变化研究[J]. 资源科学, 22(3): 34-38.

刘焕军, 盛磊, 于胜男, 等, 2017. 基于气候分区与遥感技术的大兴安岭湿地信息提取[J]. 生态学杂志, 36(7): 2068-2076.

刘焕军, 于胜男, 张新乐, 等, 2017. 一年一季农作物遥感分类的时效性分析[J]. 中国农业科学, 50(5): 830-839.

刘娟, 蔡演军, 王瑾, 2014. 青海湖流域土壤遥感分类[J]. 国土资源遥感, 26(1): 57-62.

刘伟, 周立, 王溪, 1999. 不同放牧强度对植物及啮齿类动物作用的研究[J]. 生态学报, 19(3): 376-382.

刘贤赵, 康绍忠, 1998. 陕西王东沟小流域野外土壤入渗试验研究[J]. 人民黄河(2): 14-17.

刘欣, 李青云, 英陶, 1995. 封育、灌溉、补播改良荒漠草地的效果[J]. 青海畜牧兽医杂志(3): 14-16.

刘兴土, 2001. 松嫩平原退化土地整治与农业发展[M]. 北京: 科学出版社.

刘亚平, 1985. 稳定蒸发条件下土壤水盐运动的研究[G]. 国际盐渍土改良学术讨论会论文集.

刘卓, 易东云, 2003. 投影寻踪方法与高光谱遥感图像数据特征提取的研究[J]. 数学理论与应用, 23(l): 76-81.

卢远, 林年丰, 汤洁, 等, 2003. 松嫩平原西部土地退化的遥感动态监测研究: 以吉林省通榆县为例[J]. 地理与地理信息科学, 19(2): 24-27.

吕殿青, 王文焰, 王全九, 1999. 入渗与蒸发条件下土壤水盐运移的研究[J]. 水土保持研究, 6(2): 61-66.

吕世海, 2005. 呼伦贝尔沙化草地系统退化特征及围封效应研究[D]. 北京: 北京林业大学.

吕世海, 卢欣石, 2006. 呼伦贝尔草地风蚀沙化植被生物多样性研究[J]. 中国草地学报, 28(4): 6-10.

吕贻忠, 李保国, 胡克林, 等, 2002. 鄂尔多斯不同地形下土壤养分的空间变异[J]. 土壤与环境, 11(l): 32-37.

吕占华, 2015. 遥感技术在环境污染监测中的应用[J]. 建筑工程技术与设计(27): 95.

律兆松, 王汝镛, 1989. 不同生物措施改良苏打盐土效果的模糊综合评价初探[J]. 土壤通报, 20(5): 200-205.

马玥, 姜琦刚, 孟治国, 等, 2016. 基于随机森林算法的农耕区土地利用分类研究[J]. 农业机械学报, 47(1): 297-303.

毛建华, 1984. 碱性水和咸水灌溉对土壤的影响及其改造与利用的研究[J]. 土壤学报(1): 20-24.

毛学森, 1998. 水泥硬壳覆盖对盐渍土水盐运动及作物生长发育的影响[J]. 中国农业气象, 19(1): 26-29.

裴欢, 孙天娇, 王晓妍, 2018. 基于 Landsat 8 OLI 影像纹理特征的面向对象土地利用/覆盖分类[J]. 农业工程学报, 34(2): 248-255.

彭建平, 邵爱军, 2006. 基于 Matlab 方法确定 VG 模型参数[J]. 水文地质工程地质, 33(6): 25-29.

彭杰, 刘焕军, 史舟, 等, 2014. 盐渍化土壤光谱特征的区域异质性及盐分反演[J]. 农业工程学报(17): 167-174.

曲璐, 司振江, 黄彦, 等, 2008. 振动深松技术与生化制剂在苏打盐碱土改良中的应用[J]. 农业工程学报, 24(5): 95-99.

任理, 1994. 地下水溶质运移计算方法及土壤水热动态数值模拟的研究[D]. 武汉: 武汉水利电力大学.

沙晋明, 史舟, 王人潮, 等, 2000. 东南山区土壤遥感监测的图像处理及分类[J]. 水土保持学报(1): 38-43, 47.

邵彬, 邓坤枚, 2000. 长白山北坡亚高山云冷杉林的植物种类组成及重要值[J]. 自然资源学报, 15(1): 66-73.

盛连喜, 马逊风, 王志平, 2002. 松嫩平原盐碱化土地的修复与调控研究[J]. 东北师范大学学报(自然科学版), 34(1): 30-35.

石元春, 李保国, 1991. 区域水盐运动监测预报[M]. 石家庄: 河北科学技术出版社.

史文娇, 魏丹, 汪景宽, 等, 2007. 双城市土壤重金属空间分异及影响因子分析[J]. 水土保持学报, 21(1): 59-64.

宋长春, 邓伟, 李取生, 2002. 松嫩平原土壤次生盐渍化过程模型研究[J]. 水土保持学报, 16(5): 23-26.

苏亚麟, 吕开云, 2018. 基于随机森林算法的特征选择的水稻分类: 以南昌市为例[J]. 江西科学, 36(1): 161-167.

苏永中, 赵哈林, 崔建垣, 2004. 农田沙漠化演变中土壤性状特征及其空间变异性分析[J]. 土壤学报, 41(2): 210-217.

隋红建, 饶纪龙, 1992. 土壤溶质运移的数学模拟研究现状以及展望[J]. 土壤学进展(5): 1-7.

唐明, 1998. VA 菌根提高植物抗盐碱和抗重金属能力的研究进展[J]. 土壤, 30(5): 251-254.

唐治学, 苗永顺, 李传文, 1986. 柠檬酸渣改良碱化土壤的研究[J]. 河南农业科学(12): 8-9.

田长彦, 周宏飞, 刘国庆, 2001. 21 世纪新疆土地盐渍化调控与农业可持续发展研究建议[J]. 干旱区地理, 23(2): 177-181.

田铮, 肖华勇, 1997. 声呐目标信号特征量的投影寻踪压缩与目标分类[J]. 西北工业大学学报, 15(2): 319-321.

《土壤水分测定方法》编写组, 1986. 土壤水分测定方法[M]. 北京: 水利电力出版社.

汪诗平, 2000. 不同放牧季节绵羊的食性及食物多样性与草地植物多样性间的关系[J]. 生态学报, 20(6): 951-957.

王春裕, 1976. 刍议土壤盐渍化的生态防治[J]. 生态学杂志, 16(6): 67-71.

王红, 刘高焕, 宫鹏, 等, 2005. 利用 CoKriging 提高估算土壤盐离子浓度分布的精度——以黄河三角洲为例[J]. 地理学报, 60(3): 511-518.

王宏胜, 李永树, 吴玺, 等, 2018. 结合空间分析的面向对象无人机影像土地利用分类[J]. 测绘工程, 27(2): 57-61.

王久志, 巫东堂, 1986. 沥青乳剂改良盐碱地的效果[J]. 山西农业科学(5): 13-14.

王凯龙, 2014. 基于高光谱数据的土壤碱化监测研究[D]. 乌鲁木齐: 新疆大学.

王令钊, 1997. 对富含石膏的盐渍化土壤作物抗盐性的探讨[J]. 土壤肥料(2): 15-20.

王全九, 1993. 土壤溶质迁移特性的研究[J]. 水土保持学报, 7(2): 10-15.

王全九, 邵明安, 郑纪勇, 2007. 土壤中水分运动与溶质迁移[M]. 北京: 中国水利水电出版社.

王小彬, 1996. 加拿大草原地区的残茬覆盖管理[J]. 土壤肥料(2): 34-38.

王秀兰, 包玉海, 1999. 土地利用动态变化研究方法探讨[J]. 地理科学进展, 18(1): 81-86.

王学军, 邓宝山, 张泽浦, 1997. 北京东郊污灌区表层土壤微量元素的小尺度空间结构特征[J]. 环境科学学报, 17(4): 412-416.

王学军, 李本纲, 陶澍, 2005. 土壤微量金属含量的空间分析[M]. 北京: 科学出版社.

王永清, 1999. 碱化土壤上磷石膏的施用效果[J]. 土壤通报, 30(2): 51-52.

魏新平, 王文焰, 王全九, 等, 1998. 溶质运移理论的研究现状与发展趋势[J]. 灌溉排水(4): 58-63.

肖振华, PREND B, 1994. 灌溉水质对土壤水盐动态的影响[J]. 土壤学报, 31(1): 8-17.

邢军武, 2001. 盐碱环境与盐碱农业[J]. 地球科学进展(2): 257-266.

熊亚兰, 魏朝富, 2006. 西南丘陵区坡地土壤水分的时空变异[J]. 土壤通报, 37(1): 22-26.

徐绍辉, 张佳宝, 刘建立, 等, 2002. 表征土壤水分持留曲线的几种模型的适应性研究[J]. 土壤学报, 39(4): 498-504.

徐英, 陈亚新, 史海滨, 等, 2004. 土壤水盐空间变异尺度效应的研究[J]. 农业工程学报, 20(2): 1-5.

许迪, 1997. 土壤水力学特性试验方法比较及其模拟验证[J]. 水利学报, 28(8): 49.

薛峰, 杨劲松, 1997. 劣质水的灌溉利用[J]. 土壤(5): 240-245.

杨利民, 韩梅, 李建东, 2001. 中国东北样带草地群落放牧干扰植物多样性的变化

[J]. 植物生态学报, 25(1): 110-114.

杨琳, 朱阿兴, 秦承志, 等, 2009. 运用模糊隶属度进行土壤属性制图的研究:以黑龙江鹤山农场研究区为例[J]. 土壤学报, 46(1): 9-15.

姚其华, 邓银霞, 1992. 土壤水分特征曲线模型及其预测方法的研究进展[J]. 土壤通报, 23(3): 142-145.

依力亚斯江·努尔麦麦提, 丁建丽, 塔西甫拉提·特依拜, 等, 2007. 基于支持向量机分类的遥感土壤盐渍化信息监测[J]. 水土保持研究(4): 209-214, 222.

于东升, 史学正, 1998. 用 Guelph 法研究不同土地利用方式下富铁土的土壤渗透性[J]. 土壤侵蚀与水土保持学报(4): 14-19.

张殿发, 林年丰, 1999. 吉林西部土地退化成因分析与防治对策[J]. 吉林大学学报(地球科学版), 29(4): 355-359.

张殿发, 王世杰, 2002. 吉林西部土地盐碱化的生态地质环境研究[J]. 土壤通报, 33(2): 90-93.

张慧, 李毅, 邓宏伟, 等, 2013. 基于遥感影像的新疆玛纳斯河流域土壤盐渍化分类[J]. 西北农林科技大学学报(自然科学版), 41(3): 153-158.

张金屯, 2004. 数量生态学[M]. 北京: 科学出版社.

张玲玲, 王宗志, 顾敏, 2005. 房地产风险评价的投影寻踪模型研究[J]. 水利经济, 23(1): 20-22.

张妙仙, 杨劲松, 2001. 试用土壤水分特征曲线概化法评价土壤结构性[J]. 土壤(2): 77-80.

张乃明, 李保国, 胡克林, 2001. 太原污灌区土壤重金属和盐分含量的空间变异特征[J]. 环境科学学报, 21(3): 49-53.

张世熔, 黄元仿, 李保国, 等, 2003. 河北曲周土壤氮素养分的时空变异特征[J]. 土壤学报, 40(3): 475-479.

张淑娟, 何勇, 方慧, 2003. 基于 GPS 和 GIS 的田间土壤特性空间变异性的研究[J]. 农业工程学报, 19(2): 39-44.

张永波, 王秀兰, 1997. 表层盐化土壤区咸水灌溉试验研究[J]. 土壤学报, 34(1): 53-59.

张有山, 林启美, 秦耀东, 等, 1998. 大比例尺区域土壤养分空间变异定量分析[J]. 华北农学报, 13(1): 122-128.

张瑜芳, 张蔚榛, 1984. 垂向一维均质土壤水分运动的数值模拟[J]. 工程勘察(4): 51-55.

赵哈林, 赵学勇, 张铜会, 等, 2002. 北方农牧交错带的地理界定及其生态问题[J]. 地球科学进展, 17(5): 739-747.

赵兰坡, 王宇, 郐瑞卿, 等, 1999. 苏打盐碱土草原退化防治技术研究[J]. 吉林农业大学学报(3): 64-67.

赵良菊, 肖洪浪, 郭天文, 等, 2005. 甘肃省武威地区灌漠土微量元素的空间变异特征[J]. 土壤通报, 36(4): 536-540.

赵良菊, 肖洪浪, 郭天文, 等, 2005. 甘肃省灌漠土土壤养分空间变异特征[J]. 干旱地区农业研究, 23(1): 70-74.

赵玉晶, 白云鹏, 韩大勇, 等, 2008. 松嫩平原环境破碎化后羊草斑块植物组成多样性的空间变化[J]. 草地学报, 16(2): 158-163.

中国科学院生物多样性委员会, 2004. 中国生物多样性保护与研究进展[G]. 第五届全国生物多样性保护与持续利用研讨会论文集.

周斌, 王繁, 王人潮, 2004. 运用分类树进行土壤类型自动制图的研究[J]. 水土保持学报(2): 140-143.

周国英, 陈桂琛, 赵以莲, 等, 2004. 施肥和围栏封育对青海湖地区高寒草原影响的比较研究[J]. 草业学报(1): 26-31.

周慧珍, 龚子同, 1996. 土壤空间变异性研究[J]. 土壤学报, 33(3): 232-241.

周廷刚, 2015. 遥感原理与应用[M]. 北京: 科学出版社.

周银, 刘丽雅, 卢艳丽, 等, 2016. 星地多源数据的区域土壤有机质数字制图[J]. 遥感学报, 19(6): 998-1006.

朱学愚, 谢春红, 1994. 非饱和流动问题的SUPG有限元素数值法[J]. 水利学报(6): 37-42.

ABD-ALLA M H, OMAR S A, 1998. Wheat straw and cellulolytic fungiapplication increase nodulation, nodule efficiency and growth of fenugreek (*Trigonella foenum-graecum* L.) grown in saline soil[J]. Biology and Fertility of Soils, 26(1): 58-65.

BACHMANN C M, 1994. Unsupervised BCM projection pursuit algorithms for classification of simulated radar presentation[J]. Neural Networks, 7(4): 709-728.

BOETTINGER J L, HOWELL D W, MOORE A M, et al., 2010. Digital soil mapping: bridging research, environmental application, and operation[J]. Journal on Chain and Network Science, 30(4): 379-386.

BOLLAND, 1998. Spatial variation of soil test phosphorus and potassium, oxalate extractable iron and aluminum, phosphorus retention index and organic carbon content in soils of Western Australia[J]. Communications Soil Science and Plant Analysis, 29(3-4): 381-392.

BURGESS T M, WEBSTER R, 1980. Optimal interpolation and isarithmic mapping of soil propertiesI: the semi-variogram and punctual Kriging[J]. European Journal of Soil Science, 31: 315-331.

BUTTAFUOCO, CASTRIGNANO A, BUSONI E, 2005. Studying the spatial structure evolution of soil water content using multivariate geostatistics[J]. Hydrology, 311: 202-218.

CAHN M D, HUMMEL J W, BROUER B H, 1994. Spatial analysis of soil fertility for site specific crop management[J]. Soil Science Society of American Journal, 58: 1240-1458.

CHANG T K, SHYU G S, LIN Y P, 1999. Geostatistical, analysis of soil arsenic content in Taiwan[J]. Journal of Environmental Science and Health, Part A, 34(7): 1485-1501.

CHIEN Y J, LEE D Y, GUO H Y, 1997. Geostatistical analysis of soil properties of mid-west Taiwan soils[J]. Soil Science, 162: 291-297.

DELGADO I C, SANCHEZ-RAYA A J, 1999. Physiolgical response of sunflower seedlings to salinity and potassium supply[J]. Communications in Soil Science and Plant Analysis, 30(5): 773-783.

DEMATTÊ J A M, RIZZO R, BOTTEON V W, 2015. Pedological mapping through integration of digital terrain models spectral sensing and photopedology[J]. Revista Ciencia Agronomica, 46(4): 669-678.

DORMAAR J F, BARRY W A, WATER D W, 1997. Impacts of rotational grazing on mixed prairie soil and vegetation[J]. Journal of Range Management, 50: 647-651.

DUA R P, SHARMA S K, 1997. Suitable genotypes of guam (*Cicer arietinum*) and mechanism of their tolerance to salinity[J]. Indian Journal of Agricultural Science, 67(10): 440-443.

ENDRE D, ERIKA M, BAUMGARDNER M F, et al., 2000. Use of combined digital elevation model and satellite radiometric data for regional soil mapping[J]. Geoderma, 97(3-4): 367-391.

FEIGIN A, 1985. Fertilization management of crops irrigated with saline water[J].

Plant and Soil, 89(1): 285-299.

FITTER A H, HAY R K M, 1981. Environmental physiology of plants[M]. London: Academic Press .

FLICK T E, 1990. Pattern classification using projection pursit[J]. Pattern Recognition, 23(12): 1367-1376.

GARG B K, KATHJU S, VYAS S P, et al., 1997. Sensitivity of cluster bean to salt stress at various growth stages[J]. Indian Journal of Plant Physiology, 2(1): 49-53 .

GLOVER D M, HOPKE P K, 1994. Exploration of multivariate atmospheric particulate compositional data by projection pursuit[J]. Atmospheric Enviroment, 28(8): 1411-1424.

GRANDCHAMP A C, ERGAMINI A B, STOFER S, 2005. The influence of grassland management on ground beetles (carabidae, coleoptera) in swiss montane meadows[J]. Agriculture , Ecosystems and Environment, 11(3): 307-317.

GREENWAY H, MANNS R, 1980. Mechanisms of salt tolerance in non-haloplytes[J]. Annual Review of Plant Physiology and Plant Molecular Biology, 31: 149-190.

HANKS R J, BOWERS S A, 1962. Numerical solution of the moisture flow equation for infiltration into layered soil[J]. Soil Science Society of American Journal, 26: 530-534.

HERBST M, DIEKKRUGER B, 2003. Modelling the spatial variability of soil moisture in micro-scale catchment and comparison with field data using geostatistics[J]. Physics and Chemistry of the Earth(7): 39-45.

HORNUNG V, MESSING W, 1980. A predictor-corrector alternating-direction implicit method for two dimensional unsteady saturated-unsaturated flow in porous media[J]. Journal of Hydrology, 47(3-4): 317-323.

HUSTON M A, 1985. Patterns of species diversity on coral reefs[J]. Annual Review of Ecological Systematics, 16: 149-177.

JORDAN M M, NAVARRO-PEDRENO J, GARCIA-SANCHEZ E, et al., 2004. Spatial dynamics of soil salinity under arid and semi-arid conditions geological and environmental implications[J]. Environmental Geology: International Journal of Geosciences, 45(4): 448-456.

KATERJI N, VAN HOORN J W, HAMDY A, et al., 2000. Salt tolerance classification of crops according to soil salinity and to water stress day index[J]. Agricultural

Water Management, 43(1): 99-109.

KEMPEN B, BRUS D J, HEUVELINK G B M,et al., 2009. Updating the 1:50000 dutch soil map using legacy soil data: a multinomial logistic regression approach[J]. Geoderma, 151(3): 311-326.

MAYNARD J J, LEVI M R, 2017. Hyper-temporal remote sensing for digital soil mapping: characterizing soil-vegetation response to climatic variability [J]. Geoderma, 285: 94-109.

MCBRATNEY A B,WEBSTER R, 1983. Optimal interpolation and isarithmic mapping of soil properties: V. co-regionalization and multiple sampliing strategy[J]. European Journal of Soil Science, 34(1): 137-162.

MILCHUNAS D G, PARTON W J, 1998. Schimel factors influencing ammonia volatilization from urea in soils of the shortgrass steppe[J]. Atmospheric Chemistry, 6: 323-340.

MILLER B A, KOSZINSKI S, WEHRHAN M, et al., 2015.Impact of multi-scale predictor selection for modeling soil properties[J]. Geoderma, 240: 97-106.

MONGIA A D, DEY P, SINGH G, 1998. Ameliorating effect of forest trees on a highly sodic soil in Haryana[J]. Journal of the Indian Society of Soil Science, 46(4): 664-668.

MOORE I D, GESSLER P E, NIELSEN G A, et al., 1993. Soil attribute prediction using terrain analysis[J]. Soil Science Society of America Journal, 57(2): 443-452.

NIELSEN D E, BIGGAR J W, 1961. Miscible displacement in soils: I.Experimental information[J]. Soil Science Society of American Journal, 25: 1-5.

NIELSEN D R, BIGGAR J W, 1962. Miscible displacement in soils: III. Theoretical consideration[J]. Soil Science Society of American Journal, 26: 216-221.

NIELSEN D R, VAN GENUCHTEN M T, BIGGAR J W, 1986. Water flow and solute transport processes in the unsaturated zone[J]. Water Resources Research, 22(9): 89-108.

OGEN Y, GOLDSHLEGER N, BEN-DOR E, 2017. 3D spectral analysis in the VNIR–SWIR spectral region as a tool for soil classification[J]. Geoderma, 42(15): 302.

O'LEARY J W, GLENN E P, WATSON M C, 1985. Agricultural production of halophytes irrigated with seawater[J]. Plant and Soil, 89(1-3): 311-322.

PARKER J C, GENUCHTEN M T, 1988. Flux averaged and volume averaged concentrations in continuous approach to solute transport[J]. Water Resources Research, 20(7): 886-872.

PECK A J, 1975. Development and reclamation of secondary salinity[M]. Queensland: University of Queensland Press.

PIELOU E C, 1969. An introduction to mathematical eclolgy[M]. New York: Wiley-Intersience.

REMA D G, GOPALAKRISHNAN P K, 1997. Effect of sodium chloride and calcium chloride salinity on the seedling growth of cowpea[J]. Indian Journal of Plant Physiology, 2(1): 79-80.

SAFAVIAN S R, RABIEE H R, FARDANESH M, 1997. Projection pursuit image compression with variable block size segmentation[J]. IEEE Signal Processing Letter, 4(5): 117-120.

SALEH A M, BELAL A B, ARAFAT S M, 2013. Identification and mapping of some soil types using field spectrometry and spectral mixture analyses: a case study of North Sinai, Egypt[J]. Arabian Journal of Geosciences, 6(6): 1799-1806.

SAUTA-CRUZ A, MANUEL A, 1999. Short-term salt tolerance mechanisms in differentially salt tolerant tomato species[J]. Plant Physiology and Biochemistry, 37(1): 65-71.

SCHLESINGE W H, RAIKES J A, HARTLEY A E, 1996. On the spatial pattern of soil nutrients in desert ecosystems[J]. Ecology, 77(2): 364-374.

SELIM H M, KIRKHAM D, 1973. Unsteady two-dimensional flow of water in unsaturated soils above an impervious barrier[J]. Soil Science Society of American Journal, 37: 489-495.

SHARMA B A, YADAV J S P, 1989. Removal during leaching and availability of iron and manganese in pyriteand farmyard-manure-treated[J]. Soil Science, 147(1): 17-22.

SINGH H, SINGH G, SINGH J, 1997. Effect of eucalyptus tereticornis litter on properties of asodic soil[J]. Journal of the Indian Society of Soil Science, 45(3): 565-570.

SUN L, SCHULZ K, 2015. The improvement of land cover classification by thermal remote sensing[J]. Remote Sensing, 7(7): 8368-8390.

TSEGAYE T, HILL R L, 1998. Intensive tillage effects on spatial variability of soil physical properties[J]. Soil Science, 163(2): 143-154.

VAN GENUCHTEN M T, 1980. A closed-form, equation for predicting the hydraulic conductivity of unsaturated soils[J]. Soil Science Society of American Journal, 44(5): 892-898.

VAN GENUCHTEN M T, 1982. A comparion of numerical solutions of the one-dimensional unsaturated-saturated flow and mass transport equation[J]. Advences in Water Resources(5): 47-55.

VAUCLIN M, VIEIRA S R, VACHAUD G, 1983. The use of cokriging with limited field soil observations[J]. Soil Science Society of American Journal, 47(2): 175-184.

VERHOEFF R L, POWERS W L, SHEA P J, et al., 1997. Horizontal soil sampling to assess the vertical movement of agrochemicals[J]. Journal Soil and Water Conservation, 52(2): 126-131.

WEBSTER R, NORTCLIFF S, 1984. Improved estimation of micronutrients in hectare plots of the Sonning series[J]. Soil Science, 35: 667-672.

WHITE J G, WELCH R M, NOVELL W A, 1997. Soil Zn map of USA using geostatistics and geographic information systems[J]. Soil Science Society of American Journal, 61: 185-194.

ZHANG C S, SELINES O, 1997. Spatial analyses for copper, lead and zinc conients in sediments of the Yangtze River basin[J]. The Science of the Total Environment, 204: 251-262.